不可不知的化学元素知识

第 2 版

董林　陈永　编著

机械工业出版社

本书是一位向导，将带领读者周游化学元素世界。书中主要内容包括神奇的元素周期表、第 1 号元素氢的故事、碱金属的故事、碱土金属的故事、"硼友们"的故事、神奇的"碳家族"、氮和它的"兄弟们"、伟大的"氧家族"、个性鲜明的卤族元素、常见的金属元素、神奇的稀土金属、宇宙特物锕系金属、奇妙的惰性气体、元素杂谈，共 14 章。本书集知识性、趣味性和审美性于一体，书中生动形象的文字描述和精美的图片巧妙结合在一起，使读者在愉快的阅读体验中开阔眼界，增长知识。

　　本书特别适合青少年、化学教师及广大科普爱好者阅读。

图书在版编目（CIP）数据

　　不可不知的化学元素知识/董林，陈永编著. —2 版. —北京：机械工业出版社，2021.4（2025.1 重印）

　　ISBN 978-7-111-67554-9

　　Ⅰ.①不…　Ⅱ.①董…②陈…　Ⅲ.①化学元素-普及读物　Ⅳ.①O611-49

　　中国版本图书馆 CIP 数据核字（2021）第 030564 号

　　机械工业出版社（北京市百万庄大街 22 号　邮政编码 100037）
　　策划编辑：陈保华　责任编辑：陈保华　高依楠
　　责任校对：王　欣　封面设计：马精明
　　责任印制：张　博
　　北京建宏印刷有限公司印刷
　　2025 年 1 月第 2 版第 3 次印刷
　　148mm×210mm·9.5 印张·235 千字
　　标准书号：ISBN 978-7-111-67554-9
　　定价：59.00 元

电话服务	网络服务
客服电话：010-88361066	机　工　官　网：www.cmpbook.com
010-88379833	机　工　官　博：weibo.com/cmp1952
010-68326294	金　书　　　网：www.golden-book.com
封底无防伪标均为盗版	机工教育服务网：www.cmpedu.com

　　《不可不知的化学元素知识》第 1 版与读者见面已经 7 年了。7 年来，该书深受读者的喜爱，它就是一位向导，带领读者周游化学元素世界，领略其中的美妙。7 年来，人们探索元素奥秘的脚步一刻也没有停息，除发现许多有关新元素的知识点外，也逐步增加了对已知元素的再认识，为了给读者呈现一本全面完美的介绍化学元素的图书，我们对本书进行了修订。

　　在本次修订过程中，除改正了第 1 版的错误外，对原第 10 章重新进行了编写，将原第 10 章分为常见的金属元素、神奇的稀土金属和宇宙特物锕系金属三章。在新的第 10 章中，将原来按周期排序的金属元素改为按族排序，使全书风格一致。另外，增写了元素杂谈一章。

　　本书以绝大多数已知化学元素的发现过程、主要性质及应用领域等知识为主，集知识性、趣味性和审美性于一体，书中生动形象的文字描述和精美的图片巧妙结合在一起，使读者在愉快的阅读体验中开阔眼界，增长知识。

　　本书主要内容包括神奇的元素周期表、第 1 号元素氢的故事、碱金属的故事、碱土金属的故事、"硼友们"的故事、神奇的"碳家族"、氮和它的"兄弟们"、伟大的"氧家族"、个性鲜明的卤族元素、常见的金属元素、神奇的稀土金属、宇宙特物锕系金属、奇妙的惰性气体、元素杂谈，共 14 章。

　　本书由郑州大学董林、陈永编著，汪大经教授对全书进行了详细审阅。

在本书的编写过程中，参考了国内外同行的大量文献资料，部分内容来自互联网，谨向相关人员表示衷心的感谢！

由于我们水平有限，错误之处在所难免，敬请广大读者批评指正。

编 者

目 录

前言

第1章　神奇的元素周期表 ……………………………… 1

　1.1　门捷列夫的故事 ………………………………… 1

　1.2　63 种元素的联系 ……………………………… 3

　1.3　元素周期表的产生 ……………………………… 5

　1.4　元素周期表的结构 ……………………………… 8

第2章　第1号元素氢的故事 …………………………… 10

　2.1　人造空气 ……………………………………… 10

　2.2　拉瓦锡得出的结论 …………………………… 12

　2.3　最轻的气体 …………………………………… 13

　2.4　最有前途的环保燃料 ………………………… 14

　2.5　强力的夺氧能手 ……………………………… 16

　2.6　气、氘、氚三兄弟 …………………………… 17

　2.7　储氢材料 ……………………………………… 18

第3章　碱金属的故事 …………………………………… 21

　3.1　碱金属并不是碱 ……………………………… 21

　3.2　最轻的金属锂 ………………………………… 21

　3.3　人体中不可或缺的钠 ………………………… 27

　3.4　草木灰中就能提取的钾 ……………………… 32

　3.5　"铷"此之美 ………………………………… 36

　3.6　最软的金属铯 ………………………………… 40

3.7　红颜易老的铊 ……………………………………… 43

第4章　碱土金属的故事 ……………………………… 45

4.1　晶莹翠碧的宝石——铍 …………………………… 45

4.2　绿色工程材料——镁 ……………………………… 50

4.3　电视广告中出现最多的元素——钙 ……………… 55

4.4　华清池"神女汤"的造就者——锶 ……………… 60

4.5　化合物几乎全有毒的钡 …………………………… 63

4.6　让居里夫人名扬天下的镭 ………………………… 66

第5章　"硼友们"的故事 …………………………… 70

5.1　穷苦而有骨气的硼 ………………………………… 70

5.2　少年得志的铝 ……………………………………… 73

5.3　在手掌中就能熔化的金属镓 ……………………… 78

5.4　癌症的罪魁祸首——铟 …………………………… 82

5.5　第二毒王——铊 …………………………………… 84

第6章　神奇的"碳家族" …………………………… 86

6.1　有机世界的中流砥柱——碳 ……………………… 86

6.2　无机世界的主角——硅 …………………………… 91

6.3　半导体工业的粮食——锗 ………………………… 97

6.4　怕冷又怕热的锡 …………………………………… 100

6.5　为长生不老炼就的"铅"丹 ……………………… 105

第7章　氮和它的"兄弟们" ………………………… 110

7.1　生命的基础——氮 ………………………………… 110

7.2　霹雳火——磷 ……………………………………… 113

7.3　天下毒王——砷 …………………………………… 117

7.4　热缩冷胀的锑 ……………………………………… 120

7.5　最后一个稳定元素——铋 ………………………… 125

第8章　伟大的"氧家族" ································· **130**

8.1　万物生存离不开氧 ························· 130

8.2　古老神奇的硫 ···························· 132

8.3　抗癌之王——硒 ························· 136

8.4　奇异的"碲金" ·························· 139

8.5　镭的兄弟——钋 ························· 143

第9章　个性鲜明的卤族元素 ·················· **145**

9.1　最困难的发现——氟 ···················· 145

9.2　一日三餐离不开的氯 ···················· 147

9.3　沉睡海底千年的美人——溴 ·············· 149

9.4　智力元素——碘 ························· 151

9.5　门捷列夫预测的类碘——砹 ·············· 154

第10章　常见的金属元素 ······················ **156**

10.1　人类的功勋元素——铜 ················· 156

10.2　亮晶晶的少年——银 ··················· 169

10.3　真"金"不怕火炼 ····················· 174

10.4　牺牲自己保护他人的锌 ················· 179

10.5　造成女儿村的祸首——镉 ··············· 183

10.6　流动的金属——汞 ····················· 185

10.7　太空金属——钛 ······················· 188

10.8　一根火柴就能点燃的锆 ················· 194

10.9　玻尔命令下的产物——铪 ··············· 197

10.10　风华绝代的钒 ························· 200

10.11　烈火金刚两兄弟——铌和钽 ············ 203

10.12　功勋累累的铬 ························· 205

10.13　为战争而生的钼 ······················ 210

10.14　熔点最高的金属——钨 ················ 214

10.15　真的很"锰" ························· 218

10.16　使化学元素研究的面貌焕然一新的锔 …… 222

10.17　姗姗"铼"迟 …… 223

10.18　最重要的金属——铁 …… 225

10.19　拒腐蚀永不沾的钌 …… 230

10.20　密度冠军双胞胎——锇和铱 …… 232

10.21　"地下恶魔"——钴 …… 235

10.22　为廉价首饰撑门面的铑 …… 240

10.23　魔鬼金属——镍 …… 242

10.24　吸收气体的能手——钯 …… 246

10.25　贵族金属——铂 …… 249

第 11 章　神奇的稀土金属 …… 252

11.1　非稀非土的稀土 …… 252

11.2　稀土的发现 …… 255

11.3　稀土元素的族长——钇 …… 256

11.4　周期表预言成功的典范——钪 …… 259

11.5　镧系稀土家族 …… 260

第 12 章　宇宙特物锕系金属 …… 262

12.1　庞大的锕系家族 …… 262

12.2　烧不坏的灯罩——钍 …… 263

12.3　核武器的核心——铀 …… 264

12.4　其他锕系元素 …… 267

第 13 章　奇妙的惰性气体 …… 270

13.1　0.0064g 的差异 …… 270

13.2　氩的发现 …… 271

13.3　太阳元素——氦 …… 273

13.4　氖、氪、氙、氡的光荣独立 …… 275

第 14 章　元素杂谈 …… 281

14.1　前20号化学元素歌谣 ·········· 281

14.2　填满第7周期 ·········· 282

14.3　元素周期表是否存在尽头 ·········· 282

14.4　元素在地壳中的丰度 ·········· 283

14.5　人体内的化学元素 ·········· 285

14.6　化学史上的中国之最 ·········· 285

14.7　世界化学之最 ·········· 286

14.8　元素单质的熔点 ·········· 288

14.9　元素单质的沸点 ·········· 290

14.10　化学元素焰色反应 ·········· 291

参考文献 ·········· 293

第1章

神奇的元素周期表

1.1 门捷列夫的故事

1907 年 2 月里的一天，长街静穆，万民伫立，俄罗斯著名化学家门捷列夫的葬礼在圣彼得堡举行。

大街上，几万人的送葬队伍在凛冽的寒风中缓慢地移动着。人群中既没有花圈，也没有遗像，在队伍的最前面只有一块特制的木牌，上面画着门捷列夫对人类化学史做出的巨大贡献——元素周期表。那些按规律排列的、由 26 个大小写英文字母组成的元素符号显得是那样的凝重，好像它们也在寄托着对这位化学史上的奇人的哀思。

如今，任何一个具有初中文化的人都知道元素周期律，都对门捷列夫创造性的发现钦佩不已。但门捷列夫的一生并非一帆风顺，正如著名作家冰心所言："成功的花，人们只惊羡她现时的明艳！然而当初她的芽儿，浸透了奋斗的泪泉，洒遍了牺牲的血雨。"门捷列夫的一生是与苦难相伴的一生，也是终生奋斗的一生。14 岁即失去父亲的门捷列夫经历了无数令人心酸的苦难，靠着微薄的助学金，以极大的毅力读完了大学，并发表了著名的论文《硅酸盐化合物的结构》。后来，他被聘为圣彼得堡皇家大学副教授。

　　攀登科学高峰的路，是一条艰苦而曲折的路。门捷列夫在这条路上，也是吃尽了苦头。但是他在自己的名言"什么是天才？终身努力，便成天才！"的激励下，克服了种种困难，以其惊人的总结能力和广博的化学知识，取得了丰硕的研究成果。

　　门捷列夫在担任化学教师期间，为了改变无机化学教科书陈旧、无法适应新要求的情况，他决定亲自编写一部最新的教材。

　　编写新教材考验着门捷列夫的毅力和智慧，面对着杂乱无章的几十种化学元素，他一时找不到任何规律。从 1865 年到 1869 年，一千多个日日夜夜，门捷列夫甚至做梦时都在想着各种化学元素。图 1-1 是他生前的画像，他衣服的口袋特别大，据说那是为了便于放下厚厚的笔记本，因为他一想到什么，总是习惯立即从衣袋里掏出笔记本记录下来。

图 1-1　门捷列夫

　　幸运的是，门捷列夫生活在化学界探索元素规律的时期。当时，各国的化学家都在研究已知的几十种元素的内在联系和规律，门捷列夫也以惊人的毅力投入到艰苦的探索当中。

天道酬勤。正如牛顿在看到苹果落地后受到启发，发现了万有引力一样，门捷列夫在听到邻居女孩的钢琴声后也同样受到了启发。他以惊人的洞察力，终于发现了元素周期律，并依此编制了第一个元素周期表，为世界人民留下了不朽的杰作。

门捷列夫的元素周期律认为：①把元素按相对原子质量的大小排列起来，会出现明显的周期性；②相对原子质量的大小决定着元素的性质；③可根据元素周期律修正已知元素的相对原子质量。

门捷列夫发明的元素周期表不但被后来一个个发现新元素的实验所证实，而且成为指导化学家们有计划、有目的地寻找新的化学元素的理论依据。一张小小的元素周期表，承载了元素世界的无数奥秘。通过元素周期表，人们对元素的认识和研究进入了新的天地。

毫不夸张地说：元素周期表的诞生是化学史上开天辟地的一大创举。有了元素周期表，元素探索的面貌从此焕然一新！

1.2　63 种元素的联系

到 1865 年时，人们已经发现了 63 种化学元素。但这些元素之间存在怎样的联系呢？

英国化学家纽兰兹把当时已知的元素进行了排列，发现无论从哪一个元素算起，每隔 7 种元素就会出现性质相近的元素。这很像音乐上的八度音循环，因此他干脆把元素的这种周期性叫作"八音律"，并据此画出了标示元素关系的"八音律"表，如图 1-2 所示。但是由于他当时没有考虑到还有尚未发现的元素，所以未能揭示出元素之间的内在规律。

时间一天天地过去，因为没有任何头绪，无数科学家退缩了，他们放弃了对元素规律的研究。然而，面对一次次的挫折，门捷列夫毫不气馁。他搜集了大量的实验数据，将硬纸板

图 1-2　仿照音符的元素"八音律"

切成方形卡片，并把 63 种元素以及它们的性质一一写在卡片上。

可是又如何排列这些卡片呢？门捷列夫陷入了深思。

按颜色排列？有的元素闪闪发光，有的元素乌黑透亮，每种元素的颜色各不相同，黄色、红色、白色、灰色……

按沸点排列？有的在室温下是液体，有的在 1000℃ 时仍是固体。

按导电性排列？有的导电性极好，有的根本就不导电。

按某种性质排列？有的遇水就爆炸，有的在空气中会自燃。

门捷列夫苦思冥想，总也找不到它们之间有什么必然联系。

日复一日，门捷列夫有时候夜里坐在房内，静听台阶上点点滴滴的雨声，有时候白天却躺在床上，细数窗前飘零的片片落叶，脑子里一直在思考着元素之间到底有何联系。

门捷列夫也曾动摇过，每当黄昏时，如果当天思考的问题一无所获，他就会一个人抑郁地坐在一个小山旁。幸而门捷列夫对元素探索的痴心不改，否则极可能心灰意冷而萌生退意。

门捷列夫喜爱打扑克牌，一次他想起一副扑克有梅花、方块、红心和黑桃四种花色，而每一种花色又有不同数字，可以按照从小到大的顺序排列。门捷列夫受到了扑克牌的启迪，但他由于拘泥于从 1 到 13 是一个周期的限制，对元素周期律的研究还是没有取得突破性进展。

直到有一天，邻居小女孩在弹钢琴，美妙的音乐让他陶醉。电光火石的一瞬间，他想起了纽兰兹的"八音律"表。如果把"八音律"和扑克牌相结合，结果会怎样呢？他急忙找出自己制作的卡片，按照相对原子质量大小对元素进行了重新排列。通过搜集资料，纠正错误的相对原子质量数值，并大胆采用空位排列法，他终于大彻大悟，创造性地提出了震古烁今的"化学元素周期律"观点。

世界上的事情总是在偶然中蕴含着必然。一个熟透了的苹果落在地面上，让牛顿发现了万有引力，并且创造出了经典力学的各种理论；而一个小女孩的琴声，让门捷列夫树立了人类化学史上的丰碑！

1.3 元素周期表的产生

门捷列夫再接再厉，将已知的 63 种化学元素按相对原子质量由小到大的顺序分成几个周期，然后一个周期一个周期地排列整齐，制成一张表格，这就是"元素周期表"。最初的表中留有许多空格（也只有这位化学奇人才能有这种奇思妙想），门捷列夫提出了一个大胆的设想，即每个空格代表一种暂未发现的元素，并且运用"元素周期表"可以推算出它的相对原子质量和化学性质。

1869 年 2 月，门捷列夫以《根据元素的相对原子质量和化学性质的相似性排列元素体系的尝试》为题发表文章，明确提出了化学元素周期律，即元素的性质随着相对原子质量的递增出现周期性变化的规律。同年，他耗费无数心血撰写的《化学原理》一书正式出版。在书中，门捷列夫为化学元素周期律下了一个更加具体而又明确的定义：元素及元素形成的单质和化合物的性质周期性地随着它们的相对原子质量而改变。

　　元素周期表之所以伟大，就在于它既能够指导现在，又可以预知未来。

　　1871 年，门捷列夫在一篇论文中指出：在元素周期表中，横排紧挨在锌的后面，应该有一个相对原子质量约为 68 的金属元素。因为该元素在纵行的同一侧紧挨在铝的下面，权且把它称之为类铝，符号用 Ea 表示。那么，真的存在这样的元素吗？

　　面对着门捷列夫充满信心的目光，人们对他的推论还是将信将疑。

　　1875 年 9 月 20 日，法国科学院传来喜讯：化学家布瓦邦德朗在美丽的闪锌矿（见图 1-3）中，发现了一种和铝性质相似的新元素，命名为镓。类铝和镓的性质比较见表 1-1。

图 1-3　美丽的闪锌矿

表 1-1　类铝和镓的性质比较

类铝（Ea）性质	镓（Ga）性质
1）原子量 68	1）原子量 69.72
2）金属密度 5.9~6.0g/cm^3	2）金属密度 5.941g/cm^3
3）单质具有较低的熔点	3）单质熔点为 29.75℃
4）常温下在空气中不氧化	4）加温至红热时缓慢氧化
5）能使沸腾的水分解	5）高温下使水分解
6）能生成矾，但不如铝那样容易	6）形成化学式为 $NH_4Ga(SO_4)_2 \cdot 12H_2O$ 的矾
7）三氧化物很容易还原成金属	7）三氧化镓在氢气流中可还原成金属镓
8）比铝更容易挥发，可望在光谱分析中发现	8）镓是用光谱分析发现的

　　从表 1-1 可以看出，虽然类铝和镓的性质略有出入，但却有着许多惊人的相似。事实证明了门捷列夫预言的伟大和正确。自此，化学家们再无任何怀疑，他们将元素周期率奉为圭臬，按部就班地进行着元素的探索工作。而门捷列夫根据元素周期律，又相继提出了类硼、类硅等元素的存在。

　　既然探索元素周期律的新路已经开创，自然会有后来人沿着这条路继续走下去。

　　1879 年，瑞典化学家尼尔松发现了钪元素，这正是门捷列夫预言的类硼。

　　1886 年，德国分析化学家温克列尔发现了锗元素，这正是门捷列夫预言的类硅。

　　每一种元素的发现都是那样的雷霆万钧，震撼着世界。

　　由于门捷列夫预言的未知元素一次次被证实，并且预言的元素性质几乎与新元素的实际性质都吻合，他的理论很快就得到了全世界的普遍承认。

　　"科学的种子，是为了人类的收获而生长的。"元素周期律经过后人的不断完善和发展，在人类认识自然、改造自然、

7

征服自然的斗争中，发挥着越来越大的作用。

1.4　元素周期表的结构

随着时间的推移，门捷列夫发明的元素周期表中的空格一个一个地被填满，表中的每一个元素都可用它的原子序数来定义（原子序数与相对原子质量有着内在的本质联系）。元素周期表如图1-4所示。

打个比方，我们将元素周期表看成是一座元素大厦，它的最高处是7层，一左一右只有两个单元；5层和6层各有8个单元，也是分成左右两个部分；4层以下每层各有18个单元，共有住户100个。其中第3单元的1层和2层均住有15个元素（物以类聚，它们有着几乎相同的物理化学性质），是名副其实的大户，其余每户均住有一个元素，全楼共有118个元素入住。

这个元素大厦的每一层可以看作是一个周期，每一单元可以看作是一个族。元素周期表有7个周期，16个族。每一个横行叫作一个周期，每一个纵行叫作一个族。这7个周期又可分成短周期（1、2、3）、长周期（4、5、6）和不完全周期（7）。共有16个族，又分为7个主族（ⅠA～ⅦA）、7个副族（ⅠB～ⅦB）、一个Ⅷ族、一个0族。

同一周期内，从左到右，元素核外电子层数相同，最外层电子数依次递增，原子半径递减（零族元素除外）。失电子能力逐渐减弱，获电子能力逐渐增强，金属性逐渐减弱，非金属性逐渐增强。元素的最高正氧化数从左到右递增（没有正价的除外），最低负氧化数从左到右递增（第1周期及第2周期的O、F元素除外）。

同一族中，由上而下，最外层电子数相同，核外电子层数逐渐增多，原子序数递增，元素金属性递增，非金属性递减。

族 周期	ⅠA 1	ⅡA 2	ⅢB 3	ⅣB 4	ⅤB 5	ⅥB 6	ⅦB 7	Ⅷ 8	9	10	ⅠB 11	ⅡB 12	ⅢA 13	ⅣA 14	ⅤA 15	ⅥA 16	ⅦA 17	0 18	电子层	0族电子数
1	1 H 氢 1.008																	2 He 氦 4.003	K	2
2	3 Li 锂 6.941	4 Be 铍 9.012											5 B 硼 10.81	6 C 碳 12.01	7 N 氮 14.01	8 O 氧 16.00	9 F 氟 19.00	10 Ne 氖 20.18	L K	8 2
3	11 Na 钠 22.99	12 Mg 镁 24.31											13 Al 铝 26.98	14 Si 硅 28.09	15 P 磷 30.97	16 S 硫 32.06	17 Cl 氯 35.45	18 Ar 氩 39.95	M L K	8 8 2
4	19 K 钾 39.10	20 Ca 钙 40.08	21 Sc 钪 44.96	22 Ti 钛 47.87	23 V 钒 50.94	24 Cr 铬 52.00	25 Mn 锰 54.94	26 Fe 铁 55.85	27 Co 钴 58.93	28 Ni 镍 58.69	29 Cu 铜 63.55	30 Zn 锌 65.38	31 Ga 镓 69.72	32 Ge 锗 72.63	33 As 砷 74.92	34 Se 硒 78.97	35 Br 溴 79.90	36 Kr 氪 83.80	N M L K	8 18 8 2
5	37 Rb 铷 85.47	38 Sr 锶 87.62	39 Y 钇 88.91	40 Zr 锆 91.22	41 Nb 铌 92.91	42 Mo 钼 95.95	43 Tc 锝	44 Ru 钌 101.1	45 Rh 铑 102.9	46 Pd 钯 106.4	47 Ag 银 107.9	48 Cd 镉 112.4	49 In 铟 114.8	50 Sn 锡 118.7	51 Sb 锑 121.8	52 Te 碲 127.6	53 I 碘 126.9	54 Xe 氙 131.3	O N M L K	8 18 18 8 2
6	55 Cs 铯 132.9	56Ba 钡 137.3	57~71 La~Lu 镧系	72 Hf 铪 178.5	73 Ta 钽 180.9	74 W 钨 183.8	75 Re 铼 186.2	76 Os 锇 190.2	77 Ir 铱 192.2	78 Pt 铂 195.1	79 Au 金 197.0	80 Hg 汞 200.6	81 Tl 铊 204.4	82 Pb 铅 207.2	83 Bi 铋 209.0	84 Po 钋	85 At 砹	86 Rn 氡	P O N M L K	8 18 32 18 8 2
7	87 Fr 钫	88 Ra 镭	89~103 Ac~Lr 锕系	104 Rf 𬬻*	105 Db 𬭊*	106 Sg 𬭳*	107 Bh 𬭛*	108 Hs 𬭶*	109 Mt 鿏*	110 Ds 𫟼*	111 Rg 𬬭*	112 Cn 鿔*	113 Nh 鿭*	114 Fl 𫓧*	115 Mc 镆*	116 Lv 𫟷*	117 Ts 鿬*	118 Og 鿫*	Q P O N M L K	8 18 32 32 18 8 2

原子序数——92 U——元素符号(红色表示放射性元素)
铀——元素名称(注*的表示人造元素)
238.0——相对原子质量

金属元素

非金属元素

镧系	57 La 镧 138.9	58 Ce 铈 140.1	59 Pr 镨 140.9	60 Nd 钕 144.2	61 Pm 钷	62 Sm 钐 150.4	63 Eu 铕 152.0	64 Gd 钆 157.3	65 Tb 铽 158.9	66 Dy 镝 162.5	67 Ho 钬 164.9	68 Er 铒 167.3	69 Tm 铥 168.9	70 Yb 镱 173.1	71 Lu 镥 175.0
锕系	89 Ac 锕	90 Th 钍 232.0	91 Pa 镤 231.0	92 U 铀 238.0	93 Np 镎	94 Pu 钚	95 Am 镅*	96 Cm 锔*	97 Bk 锫*	98 Cf 锎*	99 Es 锿*	100 Fm 镄*	101 Md 钔*	102 No 锘*	103 Lr 铹*

图 1-4 元素周期表

第2章

第 1 号元素氢的故事

2.1 人造空气

16 世纪时，瑞士有一个著名的医生帕拉塞（后来被人们称为医学化学之父），他提出了"土、气、水、火"四元素学说（见图 2-1）。他用拟人化的描述让普通人通过想象，将一切物质理解成都是由这四种元素构成。他的这个观点甚至影响了后来的一大堆奇幻作品。

图 2-1　四元素学说

帕拉塞总爱研究一些化学反应，期望能将其研究出的成果应用在医学上。一次出于偶然，帕拉塞在厨房里将整瓶的食醋倒在了烧红的铁锅里，弥漫在房间里酸酸的蒸气让他产生了疑问：事物都有两面性，这酸酸的蒸气是否都来自食醋？有没有来自铁锅的？

　　帕拉塞立即动手，打碎铁锅，将碎铁片浸泡在醋酸里，他发现无数小气泡从液体中冒出来。他用小瓶将这种气体收集起来，却发现这种气体没有一丝一毫的酸味。

　　帕拉塞欣喜若狂，果然不出所料，这种气体不是来自食醋。

　　只有一种可能，它来自铁锅碎片，也就是来自金属铁。帕拉塞继续用纯铁屑与醋酸反应，结果仍然相同，得到了同一种气体。

　　铁能产生气体，这一当时不可想象的结论很快便传进了众多化学家的耳中。他们立即行动起来，有的用铁和其他的酸进行反应，有的用其他的金属同醋酸进行反应，有的用其他的酸与其他的金属进行反应，发现好多种反应都得到了这种无色无味的气体。人类又一伟大的发明诞生了！其中，英国化学家卡文迪许的贡献最大，他用 6 种方法得到了这种气体。

　　当时，人们把所有的气体统称为空气，所以大家认为这是一种人造空气，卡文迪许甚至发表了一篇《人造空气实验》的论文。

　　后来，卡文迪许对"人造空气"的性质产生了浓厚的兴趣。他发现这种气体不溶于水，可以用排水集气法进行收集。卡文迪许甚至做出了一个疯狂的举动：他用一根燃烧的火柴试着接近他收集起来的气体。"嘭"的一声，装气体的瓶子爆炸了。玻璃碎片割破了卡文迪许的手臂，鲜血流了出来。但是，这不但没有吓倒卡文迪许，反而给了他巨大的惊喜。他发现了这种气体可以燃烧，甚至爆炸。

　　当时流行一种燃素学说，即物质只有在它含有许多特殊的易燃物质时才能燃烧。人们把这种易燃物质叫作燃素。而这一点，恰恰误导了卡文迪许。他错误地以为是金属中的燃素在溶于酸后释放出来，形成了可燃空气。他放弃了对这种"人造空气"的研究，开始专注于研究金属中的燃素，在通往真理的道路上渐行渐远。

其实，这种"人造空气"是由氢元素组成的氢气。但由于卡文迪许大名鼎鼎，大家对他十分崇拜，于是都一窝蜂似的按照他的思路研究金属中的燃素，反而忽略了对气体本质的研究。

2.2　拉瓦锡得出的结论

诗云："江山代有才人出，各领风骚数百年。"正当化学家们致力于研究金属中燃素的时候，一代化学风流人物拉瓦锡，也在采用各种方法，对这种金属与酸反应生成的气体进行着深入的研究。

拉瓦锡将制得的"可燃性空气"用一根细玻璃管导出后点燃，并在火焰的上方放置一个瓷盘，以便收集燃烧后生成的烟灰并对其进行研究。结果烟灰没有收集到，却发现瓷盘上有细细的水珠。

面对着晶莹的水珠，这位化学巨人陷入了沉思：既然"可燃性空气"可以合成水？那么水中是否也含有"可燃性空气"呢？

拉瓦锡紧接着设计了一个"分解水的实验"，想以此证明水中是否含有"可燃性空气"。他把一根旧的枪筒放在煤炉上加热，并从一端通入水蒸气。奇迹出现了，在枪筒的另一端收集到了气体，并且性质与"可燃性空气"完全相同：无色、无味、可以燃烧。

大量的实验基础，让拉瓦锡底气十足。他著文宣告："可燃性空气"并不一定来自于金属，它也可以来源于水，甚至有可能来自更多其他的物质。

1789年，拉瓦锡将"可燃性空气"正式命名为Hydrogen（氢，读作 qīng），词根的原意是"组成水的化学元素"。

氢是元素周期表中的第一个元素，位于元素大厦第 1 单元的顶层，元素符号为 H，原子序数为 1，它在所有元素中具有最简单的原子结构。氢元素的特性见表 2-1。

表 2-1　氢元素的特性

相对原子质量	熔点/℃	沸点/℃	密度/(g/cm^3)	天然同位素（质量分数,%)
1.008	-259	-253	0.08987	H^1 （99.9852） H^2 （0.0148）

注：1. 元素丰度是指研究体系中被研究元素的相对含量，用质量分数表示，全书同。

2. 同位素括号内的百分数是质量分数，全书同。

水是地球上分布十分广泛的物质，地球表面有 70% 以上的面积为水所覆盖，因此在地球上有着极其丰富的氢资源。

2.3　最轻的气体

氢气是所有气体中密度最小的，在 0℃ 和一标准大气压（101325Pa）下，每升氢气只有 0.09g。正是因为这种性质，人们将氢气制成气球，可以进行各种各样的科学试验。

世界上第一个氢气球诞生后，没有人敢于乘坐。1783 年 12 月 1 日，勇敢的查尔斯冒着生命危险，乘坐一个直径 8.6m 的氢气球，从巴黎起飞，在 2h 内飞行了 45km，降落在巴黎郊外，实现了氢气球首次载人飞行。这一壮举，将查尔斯的名字铭刻在了人类探险史上。

1804 年，法国化学家盖·吕萨克曾经独自一人乘上氢气球，上升到 7000 多米的高空去进行科学考察。他测得高空的气温为零下 9.5℃ （当时地面的气温为 27.5℃）。由此他得出一个结论：地球上大气的温度是随海拔的升高而下降的。当然，这一对物理学界有着巨大影响的结论应当归功于世界上最轻的气体——氢气。

　　1936 年 3 月，以德国总统兴登堡的名字命名的梦幻飞艇"兴登堡"号建造完毕。它是 20 世纪 30 年代"空中的豪华客轮"，曾经连续 30 多次满载乘客和货物横跨大西洋，到达北美和南美。1937 年 5 月 6 日，"兴登堡"号在蒙蒙细雨中抵达莱克赫斯特的海军航空站。突然，飞艇的尾部被撕开了一个大口子，里面的火球瞬间变成熊熊大火，并且发生了爆炸（见图 2-2），最终造成 36 人遇难。

图 2-2　"兴登堡"号爆炸瞬间

　　人们都知道"泰坦尼克"号邮轮的故事，但"兴登堡"号飞艇的爆炸在科学史上有着重要的意义，它用血的事实再次证明了氢气具有可燃性，甚至可以爆炸。

　　自从这场悲剧发生以后，就再也没有人敢用氢气来制造载人飞艇了，仅会使用既不能燃烧也不会发生爆炸的氦气。

2.4　最有前途的环保燃料

　　无论是卡文迪许，还是拉瓦锡，抑或是悲剧产物"兴登堡"号，都证明了氢气可以燃烧。

现代科学发现，氢分子在电弧或高温下能够分解为氢原子，而氢原子又很快结合成氢分子，同时释放出大量的热，形成氢原子火焰，这种火焰的温度接近 4000℃，因此工业上常用它进行原子氢焊，用于焊接或切割金属，如图 2-3 所示。

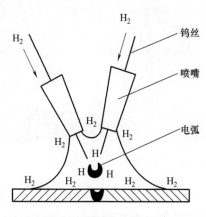

图 2-3　原子氢焊的原理

应用氢燃料具有许多优点：

1）它的热值高，燃烧 1g 氢气大约相当于 3g 的汽油或 5g 煤燃烧后所产生的热能。目前，氢正以崛起的新型能源的姿态出现在人们面前。

2）氢气比任何其他能源物质的密度都小，1L 液态氢的质量仅为 70g，是 1L 水的质量的 1/15。氢燃料要比一般液体燃料（如汽油）轻 40% 左右，因此特别适合应用于火箭等航空、航天飞行器中。1969 年 7 月 16 日，将阿波罗 11 号登月飞船送上太空的土星 5 号火箭，使用的燃料就是液态氢和液态氧。图 2-4 所示是使用液态氢燃料的火箭。

3）氢的储量丰富，如果用水作为制氢的原料，地球上水的储量约为 1.42×10^{18} t，而且氢燃烧以后又会重新合成水，因此氢是一种"取之不尽，用之不竭"的能源。

图 2-4　使用液态氢燃料的火箭

　　另外，正因为氢气燃烧后的最终产物是水，所以它是一种无污染的高效清洁能源。在环境污染日益严重的今天，选用环保性的氢气作为燃料，无疑具有巨大的优势。

　　我国是最有希望实现"氢能经济"的国家。当我国研制的氢燃料电池车上红旗招展，冒着蒙蒙细雨开在北京的长安街上时，不知吸引了多少国内外的目光！

2.5　强力的夺氧能手

　　氢是很强的夺氧能手，它能从许多金属的氧化物、氯化物中夺取氧和氯，使金属游离出来。钨、锗、钼就是用这种方法制取的。例如，用氢气与氧化钨或氧化钼反应，可以炼出纯钨或纯钼。

　　半导体工业上应用的单晶硅，要求纯度达到每100亿个硅原子中只有1个其他的杂原子，要炼制这样高纯度的硅，只能用氢气来除去其中的杂原子。

2.6　氕、氘、氚三兄弟

随着对氢的研究逐步深入，人们发现氢不是"独生子"，而是弟兄三个。

老大叫作氕（读作 piē），符号为 H，它的原子核里只有一个质子，如图 2-5 所示；老二是氘（读作 dāo），符号为 D，它的原子核里有一个质子和一个中子，俗称重氢；老三是氚（读作 chuān），符号为 T，它的原子核里有一个质子和两个中子，俗称超重氢。它们的性格相同而体重不同。

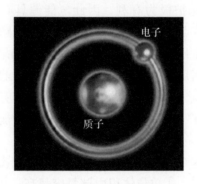

图2-5　氢原子示意图

氘是氢弹的主要原料，可以和氚进行热核反应，放出巨大的能量。

1967 年 6 月 17 日是一个激动人心的日子，我国西部地区新疆罗布泊的地平线上出现了两颗火红的太阳，一颗在上，一颗在下，上面那颗强烈的光芒，几乎使另一颗黯然失色，而上面那颗就是我国科技工作者成功研制的第一颗用氘元素和氚元素作为原料的氢弹。这次试验标志着中国核武器的发展进入了一个崭新的阶段。

2.7 储氢材料

随着社会的发展和人口的增长，能源的消耗也日益增大。目前世界上使用最多的是传统能源，如石油和煤炭，它们不但储量有限（据估计将在未来数十年内枯竭），而且在使用过程中还存在环境污染问题，造成的石油污染、酸雨等问题严重威胁着地球上动植物的生存。

在这种情况下，人类寻找新能源已势在必行。氢作为一种储量丰富、无公害的能源替代品备受重视。氢在燃烧后只生成水，这对环境保护极为有利，因此氢能源具有广泛的应用前景。但氢的储存与运输是实际应用中的关键问题。

在常温、常压下，氢是以气态存在的。如果以气态形式储氢，不但能量密度低，而且极不安全，危险性也大。以液态氢的形式来储存氢气是解决问题的一个方法，但是氢气的液化温度很低，达到了 -253℃，这样对储罐绝热性能要求太高，无法实际操作。

为了解决这个难题，科技工作者发明了固态储氢。固态储氢具有如下优点：①单位体积内储氢容量高；②无须使用高压及隔热容器；③无爆炸危险，安全性好。

人类最早发现的储氢材料是镍镁合金，后来随着镍镧合金、镍铁合金储氢能力的相继发现，储氢合金及其应用得到了迅速的发展。例如，用储氢合金制作的飞机和汽车等交通工具的氢燃料发动机，具有热效率高、对环境无污染等优点。

1991 年日本 NEC 公司发现了碳纳米管（见图 2-6）可以吸附储氢。碳纳米管如图 2-7 所示。

利用碳纳米管这样微孔材料物理吸附氢分子，因其在特定条件下对氢气具有良好、可逆的吸附性和脱附性而受到广泛重视。2008 年，希腊大学的研究者设计了新型 3D 材料。该材料

图 2-6　碳纳米管吸附储氢

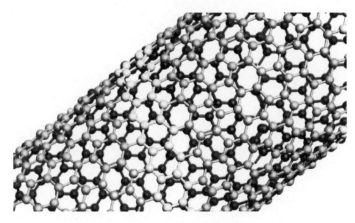

图 2-7　碳纳米管

由石墨烯和碳纳米管组成（见图 2-8），它的储氢能力达到了
6.0%（质量分数）。看似一个不大的数值，却是人类一个了不
起的成就。可以预见，未来氢作为新型能源，将成为社会生活
的一个重要支柱。

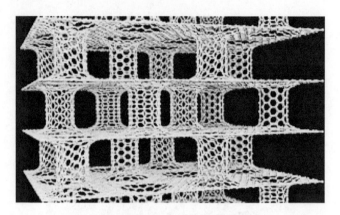

图2-8 新型3D储氢材料

第3章

碱金属的故事

3.1 碱金属并不是碱

住在元素大厦第1单元1～6层的分别是钫（读作 fāng）、铯（读作 sè）、铷（读作 rú）、钾（读作 jiǎ）、钠（读作 nà）、锂（读作 lǐ）元素，它们统称为碱金属元素。其中后五种元素存在于自然界，而钫只能由核反应产生。

人们通常所说的碱是指碳酸钠，可以用来洗涤。化学意义上的碱，是与酸对应的物质，即溶液的 pH 值大于 7 的物质。但碱金属并不是碱，它们是金属单质，因为它们都能和水发生激烈的反应，生成强碱性的氢氧化物，所以叫作碱金属。碱金属都是银白色、质软（可以用刀切割）、密度小、熔点和沸点较低、电导率高的金属。

3.2 最轻的金属锂

1817 年，瑞典科学家阿弗韦聪在一次探险中，发现了一种美丽的矿石——透锂长石（见图 3-1）。他将它带回实验室进行了研究，发现除含有硅、铝外，还存在一种未知的新元素。有着极大好奇心的阿弗韦聪一头埋进对新元素的探索中。他费了九牛二虎之力，提炼出了一小块新元素的单质。这种新元素密度非常小，仅有 0.534g/cm³，把它扔在水里，就会像软木塞一样漂浮在水面上。另外，它质地特别软，用小刀可轻轻切开；暴露在空气中会慢慢失去光泽，表面变黑，若长时间暴露，最后会变为白色。阿弗韦聪将这种新元素命名为"锂"。不久，他又相继在锂辉石（见图3-2）、锂云母（见图3-3）和锂电气石（见图3-4）中发现了锂元素。

图3-1　透锂长石

图3-2　锂辉石

图 3-3　锂云母

图 3-4　锂电气石

锂元素住在元素大厦第 1 单元的 6 层，元素符号为 Li，原子序数为 3。锂元素的特性见表 3-1。

表 3-1　锂元素的特性

相对原子质量	熔点/℃	沸点/℃	密度/（g/cm³）	天然同位素（质量分数,%）
6.941	181	1347	0.534	Li^6（7.5） Li^7（92.5）

锂单质的外表漂亮，呈银白色，如图 3-5 所示。锂非常活泼，常温下它是唯一能与氮气发生反应的碱金属元素。块状金属锂可以与水发生反应，粉末状金属锂与水接触即发生爆炸。

图 3-5 锂

锂元素在地壳中的含量不算稀有，已知含锂的矿物有 150 多种，其中主要有锂辉石、锂云母、透锂长石等，海水、矿泉水和植物机体里也都含有丰富的锂元素。我国的锂矿资源丰富，江西宜春市的锂云母矿可供开采上百年，是举世闻名的"锂都"。

锂的主要应用如下：

1）制作润滑剂。锂基润滑剂具有高抗水性、耐高温性和良好的低温性能，如果在汽车的一些零件上加一次锂基润滑剂（见图 3-6），其润滑作用足以维持到汽车报废。

2）在冶金工业上，锂是清除杂质最理想的材料。

3）制造铝锂合金。这种合金在保证质量小的同时能有效增加硬度，用它来制造飞机，能使飞机的重量减轻 2/3，一架用铝锂合金制造的小型飞机两个人就可以抬走。

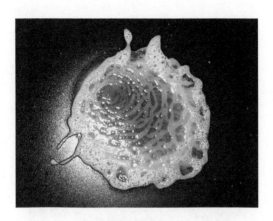

图 3-6　锂基润滑剂

　　4）利用优异的核性能制造氢弹。锂被中子攻击很容易发生裂变，裂变以后在一定条件下发生快速聚变反应，生成氦原子，同时释放出中子，这时会有巨大的能量释放出来，这就是氢弹（见图 3-7）爆炸的原理。我国第一颗氢弹所用的能源就是氢化锂和氘化锂，图 3-8 所示是该氢弹爆炸成功的场景。

图 3-7　氢弹

图 3-8　我国第一颗氢弹爆炸成功

5）制造锂离子电池（见图 3-9）。锂离子电池以其优异的性能在数码产品（如手机、笔记本电脑等）中得到广泛的应用。

图 3-9　锂离子电池

6）制造锂玻璃。如果使用普通玻璃杯泡热茶，那么每杯茶中会溶解约万分之一克玻璃，但在制造玻璃时加入微量的锂元素，可将玻璃变得"永不溶解"，并可耐酸、耐蚀。

我们今天回顾 1817 年阿弗韦聪的那一次探险，真为他无意间带回了那块美丽的矿石而感到庆幸。正是那块神秘的矿石，为人类发现锂元素做出了巨大的贡献。

3.3　人体中不可或缺的钠

1806 年，英国化学家戴维预言："不管物质的天然结合力多强，总会有限度的，可是人造仪器的力量几乎可以无限增大，所以新的分解方法能够使人类发现更多的元素。"果然，在戴维宣布他的预言后的第二年，他用电解的方法得到了金属钠。

戴维在电解氢氧化钠时，发现正极上有气体放出，负极上则出现了水银般的"银珠"。这种银珠表面的颜色从银白色逐渐变暗，最后表面完全变成一层白膜。他把这种小小的金属颗粒投入水中，发现小颗粒在水面急速跳跃，并发出"哧哧"的声音。这就是金属钠。

钠元素住在元素大厦第 1 单元的 5 层，元素符号为 Na，原子序数为 11。钠元素的特性见表 3-2。

表 3-2　钠元素的特性

相对原子质量	熔点/℃	沸点/℃	密度/（g/cm³）	天然同位素（质量分数,%）
22.99	98	883	0.97	Na^{23} （100）

钠是一种质地软（可以用普通小刀切割，如图 3-10 所示）、密度小、蜡状而延展性极好的银白色碱金属元素。

图 3-10 用小刀切割金属钠

钠元素在自然界中多以化合物的形式存在，是最常见的碱性金属，也是地球上第六丰富的元素。钠大量地存在于钠长石（见图 3-11）、氯化钠（俗称食盐，如图 3-12 所示）、硝酸钠、碳酸钠（俗称纯碱，如图 3-13 所示）、方钠石（见图 3-14）等矿物中。此外，钠在海水中以钠离子的形式存在，在海水中的质量分数约为 2.7% 。钠也是人体肌肉和神经组织中的主要成分。

图 3-11 钠长石

图 3-12　氯化钠

图 3-13　碳酸钠

从食物的角度来说，钠元素是所有碱金属元素中味道最好的元素，因为它的氯化物（食盐）是我们每个人每天的饮食必需品，如果没有它，好多食物都会让人感觉食之无味，甚至难以下咽。

钠元素大约占人体质量的 0.15%，是人体必需的矿物质元素。当神经细胞受到刺激时，钠离子进入细胞内（见图 3-15），

图 3-14　方钠石

在细胞内外表面形成钠离子浓度差。这种浓度差能够传递给相邻细胞，从而将刺激信号依次沿神经传送。

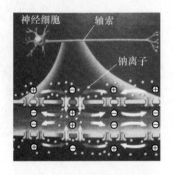

图 3-15　钠离子进出细胞

正常人体内循环的血液酸碱度的 pH 值为 7.35 ～ 7.45，如果超出这个范围，就会发生酸中毒或碱中毒，而维持这个 pH 值主要靠血液中的钠元素。因此，钠是人体内不可或缺的元素。电影《闪闪的红星》中有一片段，说的是中央苏区严重缺盐，潘冬子将食盐水倒在自己的棉袄上，闯过敌人的关卡。这个故事除了反映潘冬子的机智勇敢外，也从另一个方面说明了盐对人体是多么重要！

钠汞齐是将汞加热到 150～200℃ 后加入钠制得的钠和汞的合金，呈银白色。钠汞齐常用来制造钠灯，如图 3-16 所示。钠灯在夜间可为司机或行人提供良好的路面能见度，在雾天的透射力强且柔和，所以不少交通要道上都使用钠灯。

图 3-16　钠灯

过氧化钠（Na_2O_2）可将人们呼出的二氧化碳再转变为氧气，是一个绝妙的氧气仓库，常用在缺乏空气的场合，如矿井、坑道、潜水器、航天器等。

有趣的是，钠的化合物几乎都有一个俗名，如碳酸钠俗称纯碱、苏打，硫代硫酸钠俗称大苏打（用作摄影中的定影剂），碳酸氢钠俗称小苏打（用作食品工业的发酵剂，汽水和冷饮中二氧化碳的发生剂，黄油的保存剂），硫酸钠俗称芒硝（玻璃工业的原料，医学上也可用作泻药），氢氧化钠俗称火碱、烧碱、苛性钠等。

3.4　草木灰中就能提取的钾

　　钾是在自然界中分布最广的元素之一，但由于它不易从化合物中还原成单质，所以被发现的时间较晚。

　　尝试新鲜的事物，是英国化学家戴维的最大爱好。他贪婪地享受着生活中的每一次尝试，虽然不能保证每一次的尝试都是成功的，但他知道："不尝试就永远不会成功"。

　　古代人们在洗衣服时，总是在水中放一些草木灰，这样可以把衣服洗得很干净。

　　戴维从科学的角度知道，草木灰能用来洗涤是因为其中有碳酸根，但另外的元素是什么呢？从来没有人想过，戴维决定尝试一番。

　　结果令戴维大大吃惊，他从普普通通的草木灰中分离出了一种熔点只有 63℃ 的金属。这种金属很轻，甚至比水还轻，一放入水中就会立即发生剧烈反应，并产生紫色火焰，如图 3-17 所示。

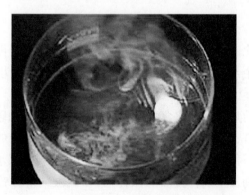

图 3-17　钾与水反应

　　戴维将这种元素命名为 Kalium（我国科学家在命名此元素

时，因其活泼性在当时已知的金属中居首位，故用"金"字旁加上表示首位的"甲"字而造出"钾"这个字），其单质（见图3-18）是银白色金属，质地很软，可用小刀切割。钾的化学性质比钠还要活泼，如果暴露在空气中，表面就会覆盖一层氧化钾和碳酸钾，使它失去金属光泽。钾离子能使火焰呈紫色，可用焰色反应和火焰光度计检测。图3-19所示是金属钾燃烧的情况。

图 3-18　金属钾

图 3-19　金属钾燃烧

　　望着钾离子美丽妖艳的紫色火焰，戴维笑了，他勇敢的尝试又一次取得了成功。

　　钾元素住在元素大厦第1单元的4层，元素符号为K，原子序数为19。钾元素的特性见表3-3。

表3-3　钾元素的特性

相对原子质量	熔点/℃	沸点/℃	密度/（g/cm³）	天然同位素（质量分数,%）
39.10	64	774	0.86	K^{39}（93.2581） K^{40}（0.0117） K^{41}（6.7302）

　　可用来提取钾的矿物有钾盐矿（见图3-20）、光卤石（见图3-21）和杂卤石（见图3-22），分布极广的天然硅酸盐矿物中也含有钾，如钾长石（见图3-23）。

图3-20　罗布泊的钾盐矿

图 3-21 光卤石

图 3-22 杂卤石

钾是植物生长的三大营养元素之一（另外两种元素是氮和磷）。钾能促进植株茎秆健壮，改善果实品质，提高果实的糖分和维生素 C 的含量。对于人体来说，钾也是不可缺少的元素

图 3-23 钾长石

之一。它可以调节体液的酸碱平衡，参与细胞内糖分和蛋白质的新陈代谢。

钾，这种戴维勇敢尝试的产物，在我们的世界里到处都是。

3.5 "铷"此之美

著名作家契诃夫曾写过一篇脍炙人口的短篇小说《变色龙》。而德国化学家本生发明的一种煤气灯就像一条变色龙一样，也可以让不同的元素呈现出不同的色彩。

本生试着把各种物质放到这种煤气灯的高温火焰里，当含钠的物质放进去时，原来几乎是无色的火焰却变成了黄色（见图 3-24）；含钾的物质放进去时，火焰又变成了紫色（见图 3-25）；而含铜的物质放进去时，火焰则变成了绿色（见图 3-26）……

在基尔霍夫的帮助下，本生找到了一种新的化学分析的方法——根据物质在高温无色火焰中发出的彩色信号，就能知道这种物质里含有什么样的化学成分。这就是光谱分析法。

图 3-24 钠盐的焰色反应

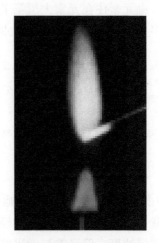

图 3-25 钾盐的焰色反应

　　1861 年，本生在一种矿泉水里和锂云母矿石中，发现了一种产生红色光谱线（见图 3-27）的未知元素。这个新发现的元素就用它的光谱线的颜色铷（拉丁语最红的红色）来命名。铷的发现，是用光谱分析法研究分析物质元素成分取得的第一个胜利。

图 3-26 铜盐的焰色反应

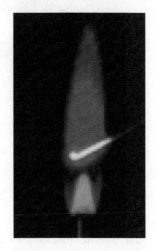

图 3-27 铷盐的焰色反应

铷元素住在元素大厦第 1 单元的 3 层，元素符号为 Rb，原子序数为 37。铷元素的特性见表 3-4。

表 3-4　铷元素的特性

相对原子质量	熔点/℃	沸点/℃	密度/(g/cm^3)	天然同位素（质量分数,%）
85.47	39	688	1.53	Rb^{86}（72.17） Rb^{87}（27.83）

铷（见图 3-28）就像一位美丽而神秘的俏佳人，温柔（硬度小）且敏感。如果把她放在空气中，她银白色的皮肤马上就会变为灰蓝。纤弱的铷经不起风吹日晒，在室温下她必须待在煤油里，忍受着与世隔绝的寂寞。

图 3-28　金属铷

虽然铷是那样的美丽，但她却没有自己单独的工业矿物，就像凄婉动人的林黛玉只能寄居在贾府一样，铷也只能分散在锂云母、铁锂云母（见图 3-29）、铯榴石（见图 3-30）和盐矿层之中。

铷原子的最外层电子很不稳定，很容易被激发放射出来，光电效应非常好，因此铷被称为长眼睛的金属。利用铷原子的

图 3-29　铁锂云母

图 3-30　铯榴石

这个特点，科学家们设计出了热电发电这种全新的发电方式。

　　铷钟，又被称为铷原子钟，如图 3-31 所示。该时钟将高稳定性铷振荡器与 GPS 高精度授时、测频及时间同步技术结合在一起，能够提供高精度时间频率标准。

　　铷元素的特性在现代的音乐制品中也得到了应用，如运用铷元素作为时基刻录的 CD，可获得比一般 CD 音质更加精致的效果。

图 3-31 铷钟

这样的"铷"此之美，她正等着科技的发展将其从寂寞深闺中解脱出来，为人类科学发出最红最火的光芒！

3.6 最软的金属铯

如果有人问，自然界里最软的金属是什么？你可以这样回答：铯就是最软的金属，它甚至比石蜡还软。当然，这不是一个绝对正确的回答，因为汞才是最软的金属，只不过它是液体，人们总是忽略它罢了。

化学分析的精度比光谱分析的灵敏度低，所以地壳中含量很少的元素极易逃过化学分析家们的眼睛。1846 年，德国教授普拉特勒分析了鳞云母（见图 3-32）矿石，误将硫酸铯当成了硫酸钠和硫酸钾的混合物，让铯元素从他手中溜走了。

但是狐狸再狡猾，也逃不过猎人的眼睛。铯元素虽然逃过了分析化学家们的手，却被光谱分析家们逮住了。

1860 年，化学家本生发明煤气灯后，便痴迷于将各种各样的物质放在它的火焰里进行观察，整天茶不思，饭不想，大有"走火入魔"之势。一天，他又将一种新制的滤液放在分光镜

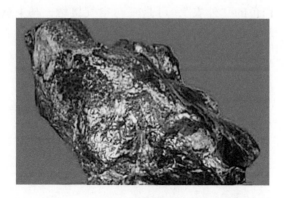

图3-32 鳞云母

下观察其谱线，意外地发现了两条明亮的蓝线。由于并无已知的物质能在光谱的该部分显现出这两条蓝线，所以本生经过研究得出了必有一未知的元素存在的结论。这一未知的元素就是铯。

光谱分析法又一次胜利了。

马克思说过："在科学上没有平坦的大道，只有不畏劳苦艰险攀登的人，才有希望到达光辉的顶点。"化学家本生通过自己的努力，终于发现了铯元素，为人类文明的发展做出了贡献。

铯元素住在元素大厦第1单元的2层，元素符号为 Cs，原子序数为55。铯元素的特性见表3-5。

表3-5 铯元素的特性

相对原子质量	熔点/℃	沸点/℃	密度/（g/cm³）	天然同位素（质量分数,%）
132.9	29	679	1.8785	Cs^{133}（100）

铯质地最软，但体积却最大，铯的原子半径为 2.65×10^{-14} m。

金属铯（见图3-33）具有活泼的个性，它本来披着一件漂亮的银白色的"外衣",可是一与空气接触,马上就变成了灰蓝色。如果把铯放到手心里,它很快会化成液体,在手心里滚来滚去,这是因为它的熔点非常低(28.5℃)。

图 3-33 金属铯

人们发现,铯原子最外层的电子绕着原子核旋转总是极其精确地在 1/9192631770s 的时间内转完一圈,稳定性比地球绕轴自转高得多。利用铯原子的这个特点,人们制成了一种新型的时钟——铯原子钟(见图 3-34),规定 1s 就是铯原子最外层的电子绕着原子核旋转 9192631770 次所需要的时间,这就是"秒"的最新定义。如果 7000 万年前就有这种铯原子钟的话,那么它到现在的误差也不会超过 1s。

图 3-34 铯原子钟

3.7　红颜易老的钫

1871 年，伟大的化学家门捷列夫在制作元素周期表时，大胆地给 87 号留下了空位，并在该空位填写上"类铯"，而且预言了它的性质。

居里夫人一生对放射性元素感兴趣，她的助手也在这方面有着震惊世人的敏感。1939 年，在巴黎镭研究所，居里夫人的一个年轻女助手佩雷在研究铀矿中锕原子的衰变产物时，发现锕衰变的部分原子（质量分数为 1%）放射出 α 粒子，并转变成质子数为 87 的原子。佩雷经过缜密的实验，并用化学分析的方法研究了它的性质，可靠地证实了它就是放射性元素"类铯"——钫。

既然居里夫人将一种新元素命名为钋是为了纪念自己伟大的祖国波兰，所以佩雷也将这种新元素命名为钫，以此来纪念她挚爱的祖国（法国）。

钫元素住在元素大厦第 1 单元的 1 层，元素符号为 Fr，原子序数为 87。

由于锕系元素中许多元素能衰变出钫，但半衰期较长，所以地壳中任何时刻钫的含量总保持在大约 25g 左右，真是太稀有了，即使是在钫含量最高的矿石中，每吨也只有 3.7×10^{-12} g。钫是最不稳定的天然元素，最大的半衰期只有 21.8min，所以说它"红颜易老"，神秘而浪漫。可能除了核化学外，钫的用途少得可怜。但这丝毫不妨碍钫的浪漫气息，相反，转瞬即逝的璀璨光芒才是最浪漫的。科学家们根据少有的实验数据和自然规律，猜测它的化学性质类似铯，计算出的熔点为 27℃，沸点为 677℃，密度为 2.48g/cm^3。

钫可在铀矿及钍矿（见图 3-35）中发现，每 1×10^{18} 个铀原子中才能找到一个钫原子。

图3-35 钍矿

第4章

碱土金属的故事

4.1 晶莹翠碧的宝石——铍

　　有一种光芒夺目、晶莹翠绿的宝石叫作绿柱石，如图 4-1 所示。它不但有一副漂亮的外表，还有一颗高贵的心，因为它里面含有一种珍贵的稀有金属——铍（读作 pí）。

图 4-1　绿柱石

因为绿柱石无与伦比的美丽，许多达官贵族、名人显赫都以收集它为荣，一时间它的身价暴涨。但自然界中绿柱石可遇而不可求，于是化学家们开始研究如何人工制取这种代表忠诚、永恒和幸福的宝石。

然而，研究的结果令化学家们大失所望，绿柱石的成分是氧化铝，极其普通，人工合成氧化铝的方法比较简单，但却始终无法制出美丽神秘的绿柱石。

18世纪，欧洲有一个贵族，他是一个地地道道的绿柱石收藏狂，在他的家中和实验室里，到处都摆满了五彩缤纷、仪态万千的这种宝石。他有一个心愿，就是在有生之年研究出人工制取绿柱石的方法，这样就可以随心所欲地设计这种宝石的颜色和形状，让自己成为绿柱石收藏之王。

这位贵族投入了所有的精力研究绿柱石，带着怀疑一切的态度，每天都不停地鼓捣那普通得不能再普通的氧化铝。

有一天，贵族的一位助手不经意的一个错误举动，将一块他心爱的绿柱石掉进了碳酸铵溶液中。贵族大发雷霆，把助手骂得昏天黑地。忽然贵族的训斥声停了下来，像小学生一样低头认错的助手看到贵族双眼放光地盯着装有碳酸铵的瓶子，脸上露出万分惊讶的神情。

顺着贵族的目光，助手发现本应完全溶解在碳酸铵中的绿柱石，却留下一点带有淡青色的未溶物。正当他还没明白是怎么回事时，贵族却冲上来，紧紧地抱住他，又蹦又跳，兴高采烈地像一个孩子。

贵族和他的助手终于发现了绿柱石的奥秘。原来除了氧化铝之外，还有另外一种物质存在于绿柱石中，也许正是这种物质，才使得绿柱石璀璨夺目、摄人心魄。

历史有着无数的巧合，几乎在相同的时间，法国化学家沃凯林也利用其他方法从绿柱石中发现了不溶于碳酸铵的物质。这一年是1798年，沃凯林揭开被氧化铝掩盖的层层面纱，从绿柱石中分离出了微量的氧化铍，然后又电解出金属铍。

铍元素住在元素大厦第 2 单元的 6 层，元素符号为 Be，原子序数为 4。铍元素的特性见表 4-1。

表 4-1　铍元素的特性

相对原子质量	熔点/℃	沸点/℃	密度/（g/cm³）	天然同位素（质量分数,%）
9.012	1278	2970	1.85	Be⁹（100）

金属铍单质（见图 4-2）的化学性质活泼，能形成致密的表面氧化保护层，即使在红热时，铍单质在空气中也很稳定。铍单质既能和稀酸反应，也能溶于强碱，表现出双面性。

图 4-2　金属铍

在铜中加入质量分数为 2% 的铍元素可制成铍青铜合金（见图 4-3），这种合金抗拉强度比钢铁大好几倍，弹性极好，且热稳定性好，已成为飞机和导弹的结构材料。由于其碰撞时不产生火花，铍青铜合金还被用于制造航空发动机的关键运动部件、精密仪器及防爆工具等。铍青铜可以说是百折不挠，用其制成的弹簧，可以压缩几亿次以上。

图4-3 铍青铜合金

单质铍被称为金属玻璃，这是因为它是对 X 射线透射最强的金属，可作 X 射线管的窗口，如图4-4 所示。

图4-4 安装在 X 射线管上的铍箔窗口

由于金属铍在燃烧的过程中能释放出巨大的能量，所以被用来作为高效率的优质火箭燃料。

　　铍的氧化物具有高强度、高熔点及显著的耐蚀性等特点，作为美丽与坚硬的结合，它的各种结晶体都是珍贵的宝石，如纯净的绿柱石中的佼佼者祖母绿（见图 4-5）、金绿宝石（见图 4-6）和金绿猫眼石（见图 4-7）。

图 4-5　祖母绿

图 4-6　金绿宝石

图 4-7　金绿猫眼石

4.2　绿色工程材料——镁

　　从前，在伦敦郊区的一个小村庄，有一个农民为了让他的牛群能自由地喝到水，就挖了一条深沟，引来泉水。可是这些牛自从第一次尝过泉水后，就再也不去喝这水了。主人觉得意外，一尝这水，原来是苦的！后来，一位医生发现这苦水有疗伤作用，并从中提炼出了固体的苦盐。

　　还是那位永远充满好奇心的化学家戴维，知道这一消息后，开始研究起这种苦盐，并对其进行了详细的化学分析。

　　戴维在这种苦盐中发现了镁（读作 měi）元素，原来正是镁元素使泉水变成了苦水。现在我们都将镁的硫酸盐称为苦盐，镁的氧化物称为苦土。

　　镁元素住在元素大厦第 2 单元的 5 层，元素符号为 Mg，原子序数为 12。镁元素的特性见表 4-2。

表 4-2　镁元素的特性

相对原子质量	熔点/℃	沸点/℃	密度/（g/cm³）	天然同位素（质量分数,%）
24.31	649	1090	1.74	Mg^{24}（78.99） Mg^{25}（10.00） Mg^{26}（11.01）

因为金属镁（见图4-8）在空气中燃烧时能发出耀眼的亮光，所以人们便利用镁粉来制成闪光粉，供摄影使用。一些烟花和照明弹里也都含有镁粉，就是利用了镁在空气中燃烧能发出耀眼白光的性质。

图 4-8　金属镁

镁元素在自然界中是以各种各样的盐的形式存在的，常见的有白云石（见图4-9）、方镁石（见图4-10）、滑石（见图4-11）、尖晶石（见图4-12）和菱镁矿（见图4-13）等。

镁合金的导热、导电性强，并具有很好的电磁屏蔽性、阻尼性、减振性和切削加工性及易于回收等优点，被誉为21世纪的绿色工程材料。镁合金作为目前密度最小的金属结构

图4-9 白云石

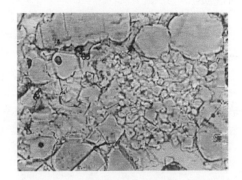

图4-10 方镁石

图4-11 滑石

材料之一，广泛应用于航空航天工业、军工、交通和电子产品领域。

图 4-12　尖晶石

图 4-13　菱镁矿

镁合金具有极好的易燃性，用一根火柴就可将一根镁条点燃。但这并不影响它在各工业领域的应用，因为大块金属镁能以足够快的速度把热量从它的表面散发出去，所以大块的镁合金部件很难着火。目前大部分笔记本电脑产品均采用了铝镁合金外壳，如图4-14所示。另外，还可以用铝镁合金制造相机机架（见图4-15），用钛镁合金制造装饰门窗（见图4-16）。

图4-14 铝镁合金制造的笔记本电脑外壳

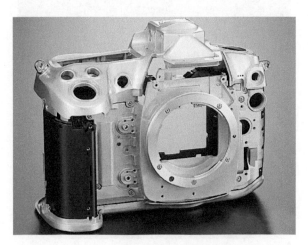

图4-15 铝镁合金制造的相机机架

图 4-16　钛镁合金制造的装饰门窗

4.3　电视广告中出现最多的元素——钙

可以毫不夸张地讲，我国的每一位电视观众，最耳熟能详的一句广告语便是"要补钙"。那些铺天盖地的有关"钙"的宣传，一个时期曾占据了电视广告的大部分时间。那么，钙（读作 gài）是怎样的一种元素呢？

在我们伟大祖国首都的天安门广场中央，屹立着一座用汉白玉雕成的人民英雄纪念碑。汉白玉是大理石中的一种，在这种洁白如玉的石头里，包含有一种主要的金属元素——钙。不只是大理石里住着这种金属，瞧瞧我们的周围，那砌墙的石灰、刷墙的白垩、脚下的水泥地、雪白的石膏像等，里头也都存在着钙元素。当然，这里面的钙元素是以化合物的形态存在的。

1808年，英国化学家戴维在电解石灰与氧化汞的混合物时，得到了钙汞合金，再将合金中的汞蒸发后，就获得了银白色的金属钙。瑞典的贝采利乌斯使用汞阴极电解石灰，在阴极的汞齐中也提取出了金属钙，如图4-17所示。

图4-17　金属钙

钙元素住在元素大厦第2单元的4层，元素符号为Ca，原子序数为20。钙元素的特性见表4-3。

表4-3　钙元素的特性

相对原子质量	熔点/℃	沸点/℃	密度/（g/cm³）	天然同位素（质量分数,%）
40.08	839	1484	1.55	Ca^{40}（96.941） Ca^{42}（0.647） Ca^{43}（0.135） Ca^{44}（2.086） Ca^{46}（0.004） Ca^{48}（0.187）

钙元素在自然界分布广泛，主要以化合物的形态存在，如白垩（见图 4-18）、大理石（主要成分是碳酸钙）、石膏（主要成分是硫酸钙）、磷灰石（见图 4-19）等，在英国南部海岸的伊斯特本有一片白垩悬崖，它的垂直高度达到了 162m，就像是一堵雪白的"墙壁"矗立在海边。这些悬崖大约形成于 65 万～100 万年前，上涨的海水破坏了这里的石灰岩地层，从而形成了今天的自然奇观，如图 4-20 所示。

图 4-18　白垩

图 4-19　磷灰石

图4-20　英国南部的白垩悬崖

目前在工业生产中，金属钙的主要用途是加工成金属钙粒，如图4-21所示。然后制成钙铁线或者纯钙线，用于钢铁的炉外精炼，一般用于优质钢的生产，其作用是脱硫、脱氧，增加钢液的流动性，促进钢液中夹杂物的快速上浮。

图4-21　金属钙粒

钙的化合物有着极为广泛的用途，特别是在建筑工业上。大理石是一种很名贵的建筑材料，因盛产于我国云南省大理县而得名（别的地方也出产，但也叫大理石）。大理石是石灰石中的一种。石灰石的化学成分是碳酸钙，且石灰石大都呈青灰色，坚硬、质脆。在大自然中，常常一大片地区的地层都是由石灰岩所组成的。石灰石可以被用来修水库、铺路、建桥。河南省林州市著名的"红旗渠"，就是用当地盛产的石灰石修砌而成的，如图4-22所示。

图4-22 著名的"红旗渠"

明朝的于谦在流芳百世的《石灰吟》中写道："千锤万凿出深山，烈火焚烧若等闲。粉身碎骨浑不怕，要留清白在人间。"这首诗说的就是石灰石（碳酸钙）的演变过程。石灰石经过人工开采，再用高温灼烧，生成白色粉末氧化钙，氧化钙遇水则变为氢氧化钙，氢氧化钙与空气中的二氧化碳反应又生成碳酸钙。所以可以说石灰石是涅槃重生的岩石。

钙除了是人体骨骼发育的基本原料，直接影响身高外，还在人体内具有其他重要的生理功能，如钙存在于人体血浆和骨骼中，参与凝血和肌肉的收缩过程，并对保证正常生长发育的顺利进行具有重要作用。"一杯牛奶强壮一个民族。"意思是说牛奶是优质的钙质来源，人体最简单的补钙方式就是多喝牛奶。

4.4 华清池"神女汤"的造就者——锶

地处西安以东临潼区境内的骊山，因其温泉而名扬天下。古时候的华清池（见图 4-23）便是利用骊山温泉建造而成的供皇宫贵族专用的洗浴之地，白居易的"春寒赐浴华清池，温泉水滑洗凝脂"便是明证。据传骊山温泉可以包治百病，俗称"神女汤"。温泉水源小庭院西墙壁上镶嵌着一块北魏《温泉颂》石碑，碑文记述了当时"千城万国之氓，怀疾枕疴之客，莫不宿糇而来宾，疗苦于斯水"的盛况。

图 4-23 华清池

其实，把在温泉中沐浴能够治疗某些疾病归功于"神女汤"的说法只是一个美丽的传说。从科学的角度讲，这是因为"神女汤"中含有一种神秘的元素——锶（读作 sī），它对保障人体新陈代谢的平衡大有裨益，因而有延年益寿、驻容美颜的功效。难怪那位姓杨的贵妃美人在这里越洗越美丽，越洗越年轻。

　　1823 年，对焰色反应痴迷的化学家本生开始用电解法研究起含有锶的矿石来。最终，他用电解菱锶矿（见图 4-24）的方法制得了少量金属锶（见图 4-25）。

图 4-24　菱锶矿

图 4-25　金属锶

　　1884 年科学家们发明了天青石（见图 4-26）复分解制取碳酸锶的方法，此后英国开始大量开采天青石。一直到 20 世纪 70 年代初，所有的锶几乎均由位于英格兰西南部的一个天青石矿所提供。

图4-26 天青石

锶元素住在元素大厦第2单元的3层，元素符号为Sr，原子序数为38。锶元素的特性见表4-4。

表4-4 锶元素的特性

相对原子质量	熔点/℃	沸点/℃	密度/（g/cm³）	天然同位素（质量分数，%）
87.62	769	1384	2.6	Sr^{84}（0.56） Sr^{86}（9.86） Sr^{87}（7.00） Sr^{88}（82.58）

金属锶能与水直接反应，与酸、卤素、氧和硫都能迅速反应。锶在空气中会很快生成保护性氧化膜，在空气中加热会燃烧，在一定条件下可与氮、碳、氢直接化合。

锶离子在火焰中呈现洋红色，可用作焰火（见图4-27）、照明灯和曳光弹的材料。

铝锶合金（见图4-28）是铸造铝硅合金用的变质剂，添加到铝合金中可以起到变质的效果，并且能有效地细化合金中的共晶硅及初晶硅，提高合金的力学性能。

图 4-27　含锶的洋红色焰火

图 4-28　铝锶合金

4.5　化合物几乎全有毒的钡

　　17 世纪，意大利博洛尼亚的一位工人，将一种含硫酸钡的重晶石（见图 4-29）与可燃物质一起焙烧后发现它在黑暗中发光，这一现象引起了欧洲化学家的极大兴趣。

图 4-29　重晶石

　　那位以好奇著称的化学家戴维，从资料上发现这一记载后，联想到碱土金属的硫化物受到光照后会在黑暗中继续发光的现象，马上意识到这种重晶石中可能含有一种还未被发现的元素。他还是采用老方法——电解，这一次他又成功了，电解出了新的金属——钡（读作 bèi），如图 4-30 所示。

图 4-30　金属钡

　　钡元素住在元素大厦第 2 单元的 2 层，元素符号为 Ba，原子序数为 56。钡元素的特性见表 4-5。

表 4-5 钡元素的特性

相对原子质量	熔点/℃	沸点/℃	密度/（g/cm³）	天然同位素（质量分数,%）
137.3	729	1637	3.51	Ba¹³⁰（0.106） Ba¹³²（0.101） Ba¹³⁴（2.417） Ba¹³⁵（6.592） Ba¹³⁶（7.854） Ba¹³⁷（11.232） Ba¹³⁸（71.698）

钡在潮湿的空气中可以自燃，所以一般都保存在煤油中。单质钡的还原性很强，可以还原大多数金属的氧化物、卤化物和硫化物，得到相应的金属。

除难溶的硫酸钡外，其他钡的化合物都有毒。唯一无毒的硫酸钡可用在医学上进行钡餐检测，因为它不溶于水和酸，所以不会被胃肠道黏膜吸收，因此对人基本无毒性。更重要的是它能大量吸收 X 射线，所以可用于 X 射线胃肠道造影，如图 4-31 所示。

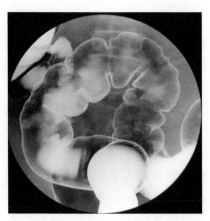

图 4-31 X 射线胃肠道造影

钡盐可用作油漆、陶瓷、玻璃、塑胶及橡胶的颜料（俗称钡白或立德粉），也可作为填充料和杀虫剂，还可用来制造烟火（见图4-32）。

图4-32　用钡制造烟火

4.6　让居里夫人名扬天下的镭

提起镭，人们都会想到大名鼎鼎的居里夫人，都会想到放射性元素。居里夫人一生都对放射性物质感兴趣。

1898年，居里夫人和她的丈夫一起，依据门捷列夫的元素周期律排列的元素，逐一进行测定，结果很快发现了一种从钍元素的化合物中能自动发出射线的元素，并且这种新元素的放射性比钋（读作 pō）元素还强。他们把这种新元素命名为"镭（读作 léi）"，如图4-33所示。

镭的发现在科学界爆发了一次真正的革命，为人类探索原子世界的奥秘打开了大门。居里夫妇因此而双双获得了诺贝尔奖。镭元素是居里夫人的最爱，她总是说"镭，我美丽的镭"。

图 4-33　金属镭

镭元素住在元素大厦第 2 单元的 1 层，元素符号为 Ra，原子序数为 88。镭元素的特性见表 4-6。

表 4-6　镭元素的特性

相对原子质量	熔点/℃	沸点/℃	密度/（g/cm³）	天然同位素
226	700	1140	5.0	Ra^{223} Ra^{224} Ra^{226} Ra^{228}

单质镭是银白色有光泽的金属，化学性质活泼，与钡相似。金属镭暴露在空气中就能迅速发生反应，生成氧化物和氮化物。目前已知镭元素有 13 种同位素，其中 Ra^{226} 半衰期最长，为 1622 年。金属镭能放射出 α 和 γ 两种射线，并生成放射性气体氡。

镭元素存在于多种矿石和泉水中，但含量极稀少，较多来源于沥青铀矿（见图 4-34）中。但镭的提取太艰难了，当时居里夫妇用了 3 年 9 个月才提炼出 0.1g 氯化镭。

图4-34　沥青铀矿

　　镭是一种重要的放射性物质，广泛应用于医疗、工业和科研领域。把镭盐和硫化锌荧光粉混合均匀，可制成永久性发光粉，如我们常见的夜光表（见图4-35）就是在指针和数字上涂上了这种发光粉。

图4-35　夜光表

　　镭虽然是剧毒物质，但如果将其射线控制适当，却可对癌症进行有效的治疗。图 4-36 所示就是一个癌症患者在利用镭射线进行治疗。

图 4-36　利用镭射线治疗癌症

第5章

"硼友们"的故事

5.1 穷苦而有骨气的硼

硼（读作 péng）是一个很"穷苦"的化学元素，说它"穷苦"，一是因为最常发现它的地方是作为洗衣辅助物的硼砂（这种物质随处可见，非常普通）；二是因为它一直给别人当苦力形成化合物，很难看到它单独出现。说它有"骨气"，是因为它的硬度特别大，仅次于金刚石。

1809 年，英国的戴维和法国的盖吕萨克用钾还原硼酸而制得硼（见图 5-1）。单质硼有无定形和结晶形两种。前者呈棕黑色到黑色的粉末，后者呈乌黑色到银灰色，并有金属光泽，如图 5-2 所示。

硼元素住在元素大厦第 13 单元的 6 层，元素符号为 B，原子序数为 5。硼元素的特性见表 5-1。

图 5-1 硼

图 5-2　单质硼（黑色为晶体，棕色为无定形）

表 5-1　硼元素的特性

相对原子质量	熔点/℃	沸点/℃	密度/ (g/cm³)	天然同位素 (质量分数,%)
10.81	2300	3658	2.34	B^{10}（19.8） B^{11}（80.2）

　　晶体硼呈黑色。高温下硼元素能与许多金属和金属氧化物反应，形成金属硼化物。这些化合物通常具有特殊的性质，如硬度高、电导率高、耐蚀等。

　　我国有丰富的硼砂矿（见图 5-3），如被称为"硼都"的西藏就盛产硼砂。

　　将硼与氮化合所得到的晶体氮化硼（见图 5-4），具有接近金刚石的硬度，但制造成本要低得多，且耐热性更高，因此被广泛应用于研磨、切削加工等方面。用氮化硼制作的车刀如图 5-5 所示。

　　碳化硼通常为灰黑色粉末（见图 5-6），俗称人造金刚石，是一种具有很高硬度的硼化物，不但容易制造，而且价格相对便宜。

图 5-3 硼砂矿

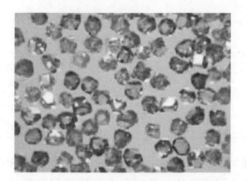

图 5-4 氮化硼

图 5-5 用氮化硼制作的车刀

图 5-6 碳化硼

碳化硼还可以作为军舰和直升机的涂层，重量轻且具有抵抗穿甲弹穿透热压涂层并形成整体防护层的能力。碳化硼耐磨性强，耐高温、低温、高压，与酸碱不起反应，在军工行业中可用于制造枪炮喷嘴，如图 5-7 所示。

图 5-7 碳化硼喷嘴

在太空中飞行的卫星和飞船一般采用太阳能电池，而电池上的 P-N 结就是用硅硼磷制成的，这种电池比其他材料制成的电池寿命长好多倍。

5.2 少年得志的铝

说铝（读作 lǚ）少年得志，是因为它在 19 世纪初期刚被发现时，身价不菲，甚至超过了黄金。1855年巴黎国际博览会上展出的一小块铝被放在了最珍贵的珠宝旁边。俄国沙皇为了表彰门捷列夫发现元素周期律而对化学做出的杰出贡献，不惜重金制作了一只铝杯，赠送给门捷列夫。法国皇帝拿破仑三世为显示自己的富有和尊贵，命令官员给自己制造了一顶比黄金更"名贵"的铝王冠，并且在举行盛大宴会时，只允许他一人使用铝制餐具，而其他人只能用金制或银制餐具。

1886年，化学家霍尔研究出了电解氧化铝来制取单质铝的方法，使铝的身价一落千丈，成为日常使用量仅仅低于铁的第二大金属。这也说明铝的化学性质很活泼，不易提炼，所以迟迟不能显露出其庐山真面目。电解法生产铝可谓工业史上一个伟大的发明。如果科技不太发达，或者人们对铝的危害没有发现，或者其他材料发展不快，说不定人类会在"青铜时代""铁器时代"之后进入一个"铝器时代"呢。

铝元素住在元素大厦第13单元的5层，元素符号为Al，原子序数为13。铝元素的特性见表5-2。

表5-2 铝元素的特性

相对原子质量	熔点/℃	沸点/℃	密度/（g/cm³）	天然同位素（质量分数,%）
26.98	661	2467	2.702	Al^{27}（100）

图5-8所示是一块内部结构被侵蚀的高纯度铝块。

铝元素在地壳中的含量仅次于氧和硅，居第三位，是地壳中含量最丰富的金属元素。铝以化合态的形式存在于各种岩石或矿石里，如钙铝长石（见图5-9）、云母（见图5-10）、高岭石（见图5-11）、铝土矿（见图5-12）和明矾石（见图5-13）等。

铝是活泼金属，在干燥空气中铝的表面立即形成致密氧化膜，使铝不会进一步被氧化并能耐腐蚀。这种氧化膜也称为

图 5-8　内部结构被侵蚀的高纯度铝块

图 5-9　钙铝长石

"铝锈",是一种坚硬的氧化物,其成分在矿物中有时也称作刚玉(见图 5-14),是已知的最坚硬的物质之一。

　　纯的铝很软,强度不大,有着良好的延展性,可拉成细丝或压延成箔片,大量用于制造电线、电缆,在无线电业及包装业有着广泛的应用。铝的导热能力比铁大 3 倍,工业上常用铝

75

图 5-10 云母

图 5-11 高岭石

图 5-12 铝土矿

图 5-13 明矾石

图 5-14 刚玉

合金制造各种热交换器（见图 5-15）、散热材料等。铝青铜合金（铝质量分数为 4%～15%）具有很强的耐蚀性，硬度与低碳钢接近，且有着不易变暗的金属光泽，常用于制作珠宝饰物或应用在建筑工业中，图 5-16 所示就是一枚铝青铜纪念章。

科学家经过研究发现，铝对人体的脑、心、肝、肾功能和免疫功能都有损害，如阿尔茨海默病（原称老年性痴呆症）就是与人体摄入过多的铝有密切关系。因此世界卫生组织于 1989 年正式将铝确定为食品污染物而加以控制，提出成年人每天允许铝摄入量为 60mg。

图 5-15　铝制热交换器

图 5-16　铝青铜纪念章

　　想想自己过去国王般的荣耀，再看看现实中平民般的普通，铝这位少年得志的元素难免有点"落花流水春去也，天上人间"的感慨！

5.3　在手掌中就能熔化的金属镓

　　伟大的门捷列夫早在建立元素周期表时就曾预言，在铝和铟之间缺少一个元素，并大胆给它留下了空位，取名类铝。1865 年，法国化学家布瓦邦德朗开始用光谱分析法寻找这个元素，并最终测定出新元素的密度是 5.96g/cm³，与门捷列夫根据元素周期表推算出的密度 5.9 ~ 6.0g/cm³ 完全吻合。布瓦邦德朗将此元素命名为镓（读作 jiā）。

镓是化学史上第一个先从理论上预言，后在自然界里被发现的元素。

镓在自然界中常以微量（质量分数小于 0.001%）分散于铝土矿、闪锌矿（见图 5-17）等矿石中。

图 5-17 闪锌矿

镓元素住在元素大厦第 13 单元的 4 层，元素符号为 Ga，原子序数为 31。镓元素的特性见表 5-3。

表 5-3 镓元素的特性

相对原子质量	熔点/℃	沸点/℃	密度/（g/cm³）	天然同位素（质量分数,%）
69.72	30	2403	5.904	Ga⁶⁹ （60.108） Ga⁷⁰ （39.892）

固态金属镓呈蓝灰色（见图 5-18），液体镓呈银白色，凝固点很低，取一小粒镓放在手心里，过一会儿就化成滚来滚去的小液珠，看起来就像荷叶上滚动的水珠。镓单质与大多数金

属不同，它热缩冷胀，由液态转化为固态时膨胀率为3.1%，所以应存放于塑料或橡胶容器中。

图5-18 固态金属镓

因为水银温度计中含有对人体健康不利的汞，所以大部分地区都禁止使用，这使得一种特殊的镓铟锡合金（在 −19℃ 时仍是液体）得到了广泛应用，它完全可以被用来代替金属汞制作温度计。

镓的熔点虽然很低，但是沸点却很高，因此可以将其充入耐高温的石英细管中，做成以测量高温为主的温度计（测量范围为 30～2000℃）。如果把这种温度计伸进炉火熊熊的炼钢炉中，外面的玻璃外壳都快熔化了，里边的镓还没有沸腾。

镓的最重要用途是制造半导体晶体，硅半导体在数千兆赫就停止工作了，但砷化镓半导体电路在高达 250000MHz（这已经是微波频率的极限了）时仍能工作。用砷化镓制成的半导体器件具有高频、高温和低温性能好、噪声小、抗辐射能力强等优点。图5-19 所示是一个在我国江苏省昆山市某工厂里制造的6in（英寸）⊖砷化镓晶圆。

――――――――――

⊖ 1in（英寸）= 0.0254m（米）。

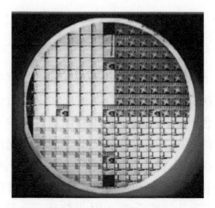

图 5-19　砷化镓晶圆

据美国物理学家组织网 2011 年 11 月 8 日报道，美国科学家通过与传统科学研究相反的新思路，用砷化镓制造出了最高转化效率达 28.4% 的薄膜太阳能电池（见图 5-20）。该太阳能电池效率提升的关键并非是让其吸收更多的光子，而是让其释放出更多的光子。

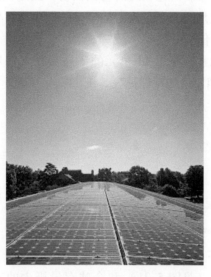

图 5-20　砷化镓制造的薄膜太阳能电池

5.4 癌症的罪魁祸首——铟

1863 年，德国物理学教授赖希对美丽的闪锌矿产生了浓厚的兴趣，他一次次地进行实验，发现化学反应后会留下一种不知成分的草黄色沉淀物。赖希立即意识到这其中可能存有某种未知的元素。他在助手李希特的帮助下进行了光谱分析。令人兴奋的是第一次实验就成功了，他们发现了一条靛蓝色的明线，并且位置和铯的两条蓝色明亮线不吻合（排除了该元素为铯的可能性），于是就按希腊文中"靛蓝（indikon）"一词命名它为铟（读作 yīn）。

铟比铅的毒性还大，它可以导致癌症。美国和英国已公布了铟的职业接触限值为 $0.1mg/m^3$（而这两个国家铅的接触极限标准为 $0.15mg/m^3$）。有报道称，在一家生产手机液晶显示屏的企业中，一名员工工作两年后经常呼吸困难，经医生检查发现他的肺部布满雪花状的白色颗粒物，经过检测分析，其主要成分之一就是铟，专家认为是罕见的铟中毒，他血液里的铟是常人的 300 倍。

铟住在元素大厦第 13 单元的 3 层，元素符号为 In，原子序数为 49。铟元素的特性见表 5-4。

表 5-4　铟元素的特性

相对原子质量	熔点/℃	沸点/℃	密度/ (g/cm^3)	天然同位素（质量分数,%）
114.8	156	2080	7.30	In^{113} (4.29) In^{115} (95.71)

铟是一种柔软的银白色金属。当铟弯曲时，会发出一种"哭声"，这一点和锡相似。铟在地壳中的分布量比较小，主要存在于铅锌矿（见图 5-21）和全球存量极少的砷铁铟矿（见

图 5-22)中。

图 5-21　铅锌矿

图 5-22　砷铁铟矿

　　金属铟的传热性和导电性好,延展性强,比铅还软(能用指甲刻痕),可塑性强,可压成极薄的金属片。目前,作为透明导电膜的铟的氧化物已获得广泛应用。

铟元素称得上"合金的维生素"，在合金中添加少量的铟，就能非常有效地提高合金的综合性能，添加了少量铟元素的轴承合金的使用寿命是一般轴承合金的4～5倍。

5.5　第二毒王——铊

除砷元素外，铊（读作 tā）元素是毒性第二大的元素。因它是致癌物质，很多国家已减少或停止使用铊元素作杀虫剂。

英国的威廉姆爵士是一位化学家，1861年的一段时间内他发现附近硫酸厂的工人大部分出现呕吐、脱发等现象，医学检查没有发现任何原因，食品和饮用水也没有问题。威廉姆敏感地意识到，也许是工业生产中的原料在作祟。作为一名科学家，他认为自己责无旁贷，必须对这个工厂的产品和原材料进行研究。虽然这项研究有生命危险，但威廉姆怀着可以为科学捐躯的精神，投入到这项对人体极具影响的探索中。

一天，他在用光谱分析法研究硫酸厂生产的废渣时，发现了一抹嫩绿色，而这一抹嫩绿色是他从来没有见过的。他猜测这一定是一种新的元素！最终研究的结果证明了他的判断，他将这种新元素命名为铊。

铊元素住在元素大厦第13单元的2层，元素符号为Tl，原子序数为81。铊元素的特性见表5-5。

表5-5　铊元素的特性

相对原子质量	熔点/℃	沸点/℃	密度/（g/cm³）	天然同位素（质量分数,%）
204.4	304	1457	11.85	Tl^{203}（29.524） Tl^{205}（70.476）

铊元素在地壳中以低浓度分布在长石、云母和铜的硫化物

矿中，独立的铊矿很少。2007 年在我国贵州回龙村发现了红铊矿（见图 5-23），近两平方公里的矿山里几乎全是世界罕见的红铊矿床。

图 5-23　红铊矿

金属铊外表与锡相似，但在空气中其表层容易形成氧化物，延展性和金属铅相同，但质地较软。铊质量分数为 8.5% 的液体汞齐凝固点为 -60℃，在低温操作的仪器中可作为汞的代用品。气态铊还可用作内燃机的抗振剂。

第6章

神奇的"碳家族"

6.1 有机世界的中流砥柱——碳

"钻石恒久远，一颗永流传"。图 6-1 所示就是一颗晶莹璀璨的钻石，而它的化学成分就是最常见的碳（读作 tàn）元素。

图 6-1　钻石

在全世界已发现的 400 万种化合物中，绝大多数是碳的化合物，不含碳的化合物不超过 10 万种。含碳化合物（一氧化碳、二氧化碳、碳酸盐、金属碳化物和氰化物除外）或碳氢化合物及其衍生物总称为有机化合物（其他的化合物统称为无机化合物），可以说碳是有机世界的中流砥柱。碳氢化合物及其

86

第 6 章 神奇的 "碳家族"

衍生物种类繁多，构成了有机化学世界。如果没有碳，就没有世界上形形色色的植物和动物，没有碳，就没有生命。

我国科学家用了近 7 年的时间，于 1965 年首次合成了由 51 个氨基酸、777 个原子结合而成、相对分子质量为 5700 的胰岛素，这是世界上第一个人工制造的蛋白质。1981 年，我国科学家又成功地人工合成了由 76 个核苷酸组成、相对分子质量为 26000 的酵母丙氨酸转移核糖核酸。生命的两大基本物质（核酸和蛋白质）都来自碳的化合物，可见碳是多么的伟大！

碳元素住在元素大厦第 14 单元的 6 层，元素符号为 C，原子序数为 6。碳元素的特性见表 6-1。

表 6-1　碳元素的特性

相对原子质量	熔点/℃	沸点/℃	密度/（g/cm^3）	天然同位素（质量分数,%）
12.01	3547（金刚石）	4827（升华）	3.513（金刚石）	C^{12}（98.93） C^{13}（1.07）

碳的氧化物中最有名的是二氧化碳。二氧化碳是绿色植物进行光合作用的原料，绿色植物吸收二氧化碳，放出氧气，以维持大自然的平衡。在太阳光通过大气层的时候，二氧化碳和其他气体吸收其中的红外线，就像是给地球罩上了一层硕大无比的薄膜，使地球成为昼夜温差不大的温室。

雨水和地下水中溶解了二氧化碳，经达数万年的演化过程，可创造出令人叹为观止的石林（见图 6-2）、石笋（见图 6-3）和石钟乳（见图 6-4）。

碳的单质的主要存在形式有金刚石（钻石）、石墨、石墨烯、碳纳米管、无定形碳和富勒烯，这都是碳原子以不同的晶体结构排列的结果。

图 6-2　石林

图 6-3　石笋

图 6-4　石钟乳

　　金刚石光彩夺目，晶莹美丽，是自然界最硬的矿石。金刚石就是我们常说的钻石，其中每一个碳原子与另外四个碳原子紧密键合，构成空间网状结构，最终形成了一种硬度大的固体。金刚石有各种颜色，从无色到黑色都有，以无色的为最佳，多数金刚石通常带些黄色（见图6-5）。它们可以是透明的，也可以是半透明或不透明的。金刚石的折射率非常高，色散性能也很强，这就是金刚石为什么会反射出五彩缤纷颜色的原因。

图 6-5　金刚石

　　石墨是碳的一种同素异形体，每个碳原子的周边连结着另外三个碳原子（排列方式呈蜂巢式的多个六边形）。石墨是一种非常软的矿物，可以直接用作炭笔，也可以与黏土按一定比例混合做成不同硬度的铅芯，还可以作为润滑剂使用。图 6-6 所示是石墨标本照片，外表光亮发铅灰色，现保存在中国地质博物馆。

　　2004 年，英国曼彻斯特大学两位科学家杰姆和诺沃肖洛夫从石墨中剥离出石墨片，然后将薄片的两面粘在一种特殊的胶带上，撕开胶带，就能把石墨片一分为二。他们不断地重复这样的操作，于是石墨片越来越薄，最后，他们得到了仅由一层碳原子构成的薄片，这就是石墨烯。当他们对石墨烯进行多种

图6-6 中国地质博物馆石墨标本

试验后，惊奇地发现，这是迄今为止世界上强度最大、导电性最好的材料。石墨烯的出现在科学界激起了巨大的波澜，杰姆和诺沃肖洛夫在2010年也因此获得了诺贝尔物理学奖。聚集的石墨烯如图6-7所示，单层的石墨烯如图6-8所示。

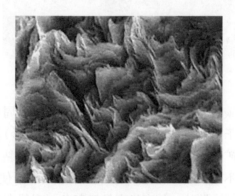

图6-7 聚集的石墨烯

碳纳米管可以看作是卷成圆筒状的石墨烯，重量轻，六边形结构连结完美，具有许多卓越的力学、电学和化学性能。

富勒烯是一种由60个碳原子构成的分子，是大自然鬼斧神工的结果。这60个碳原子在空间进行排列时，形成一个化学键最稳定的空间排列结构，恰好与足球表面格子的排列一

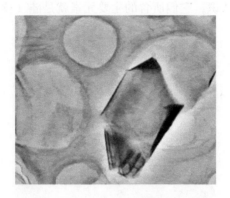

图 6-8　单层的石墨烯

致,因此又名足球烯,如图 6-9 所示。富勒烯具有金属光泽和许多优异的性能,如超导性、强磁性、耐高压及耐化学腐蚀性能。

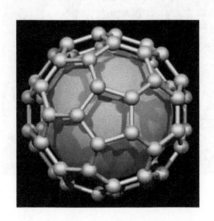

图 6-9　富勒烯

6.2　无机世界的主角——硅

碧绿的水晶石(见图 6-10)、晶莹的石英(见图 6-11)早为古代人所认识，它们所含的主要元素就是硅（读作 guī）。

图 6-10　水晶石

图 6-11　石英

1823 年，瑞典化学家贝采利乌斯采用金属还原分离法将四氟化硅与金属钾共热，首次发现了单质硅，他随后用反复清洗的方法又将单质硅进行了提纯。如果说碳元素是有机世界的中流砥柱，那么硅元素则是无机世界的主角。

硅元素住在元素大厦第 14 单元的 5 层，元素符号为 Si，原子序数为 14。硅元素的特性见表 6-2。

表 6-2　硅元素的特性

相对原子质量	熔点/℃	沸点/℃	密度/（g/cm^3）	天然同位素（质量分数,%）
28.09	1410	2355	2.33	Si^{28}（92.23） Si^{29}（4.67） Si^{30}（3.1）

　　与碳相比，硅的化学性质更为稳定，然而它极少以单质的形式在自然界出现，而是以复杂的硅酸盐或二氧化硅的形式广泛存在于岩石、沙砾、尘土之中，图 6-12 所示就是一块富含硅元素的硅孔雀石。

图 6-12　硅孔雀石

　　硅的同素异形体有两种，一种是暗棕色无定形粉末，性质比较活泼，能够在空气中燃烧，称为无定形硅，如图 6-13 所示；另一种是性质稳定的晶体，是在电炉中用碳使二氧化硅还原而得到的，如图 6-14 所示。

图 6-13　无定形硅

图 6-14　结晶硅

　　清朝的郑板桥有一首脍炙人口的名诗《竹石》："咬定青山不放松,立根原在破岩中。千磨万击还坚劲,任尔东西南北风。"说的是无论刮多大的风也吹不倒竹子,至多就是让它东摇西摆,这是因为硅的化合物可以增加植物的强度和韧性,亭亭玉立的翠竹的茎干中就含有丰富的硅的化合物。

　　现代化大型集成电路几乎都是用高纯度金属硅制成的,而且它还是生产光纤的主要原料,可以说硅已成为信息时代的基础。硅是典型的半导体,硅的电导率能够随有无光照射、温度的高低或掺杂量的多少而产生变化。目前，硅半导体大规模集成电路（见图 6-15）已经应用在各种电子产品中。

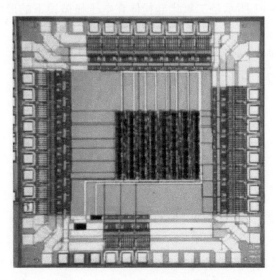

图 6-15　硅半导体大规模集成电路

硅元素还可用于制造玻璃、混凝土、耐火材料、硅氧烷和硅烷等，图 6-16 所示就是复合硅酸盐保温板，具有耐火、坚硬和保温等优点。

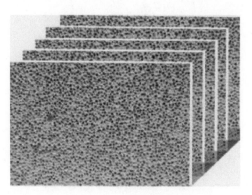

图 6-16　复合硅酸盐保温板

硅最常见的氧化物是二氧化硅，当二氧化硅结晶完美时就是水晶，胶化脱水后就是玛瑙，含水的胶体凝固后就成为蛋白石。图 6-17 所示是二氧化硅粉体在电子显微镜下的形貌。

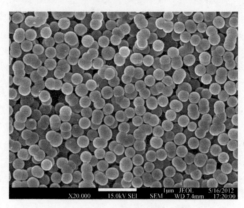

图 6-17　二氧化硅粉体

我国农村所盖的房屋很多是由红砖砌成，红砖的主要成分就是二氧化硅和三氧化二铝。作为世界最长砖路而被载入吉尼斯世界纪录的新疆老 218 国道（见图 6-18）就是 1966 年到 1968 年间知青们用 8000 多万块红砖铺成，堪称是举世无双！真是一个"知青时代"的见证。

图 6-18　由红砖铺成的新疆老 218 国道

6.3　半导体工业的粮食——锗

　　1871 年，门捷列夫通过他神奇的元素周期表，预言在硅与锡之间存在着一个元素，暂时命名为"类硅"。

　　德国分析化学教授文克勒有一个习惯，每个周末都到市郊旅游，并且他是一个矿石收藏爱好者。1886 年的一个周末，他在费赖堡的郊区发现了一种美丽的矿石——硫银锗矿石，如图 6-19 所示。文克勒立即被它的美丽所吸引，把它带回家中，爱不释手。

图 6-19　硫银锗矿石

　　作为一个伟大的化学家，文克勒对这种矿石充满好奇，他用小刀刮下一点点粉末进行研究。当他将这种矿石样品与氢共热后，奇迹出现了，生成物是一块银灰色的晶体。文克勒对这种银灰色的晶体进行了详细的研究。一系列的实验后，他发现这种晶体就是门捷列夫预言的类硅。为了纪念他的祖国，他将这种新元素命名为 Ge（锗，读作 zhě）。

锗元素住在元素大厦第 14 单元的 4 层，元素符号为 Ge，原子序数为 32。锗元素的特性见表 6-3。

表 6-3　锗元素的特性

相对原子质量	熔点/℃	沸点/℃	密度/(g/cm^3)	天然同位素（质量分数,%）
72. 63	938	2830	5. 323	Ge^{70} （20. 7） Ge^{72} （27. 5） Ge^{73} （7. 7） Ge^{74} （36. 4） Ge^{76} （7. 7）

金属锗（见图 6-20）化学性质稳定，常温下不与空气作用，但在 600 ~ 700℃时很快生成二氧化锗。锗晶体里的原子排列与金刚石差不多。结构决定性能，所以锗晶体与金刚石一样，无比坚硬。

图 6-20　金属锗

锗元素在周期表上的位置，正好夹在金属与非金属之间。锗单质虽然属于金属，但却具有许多类似于非金属的性质，在化学上称为"半金属"。就其导电的本领而言，优于一般非金属, 劣于一般金属, 在物理学上称为"半导体"。高纯度的锗是第一代晶体管材料, 图 6-21 所示就是锗二极管。

图 6-21　锗二极管

韩国研究人员现在已经研制出了一种由锗纳米管(见图 6-22)构成的新型电极。这种新型电极与电池中使用的传统石墨阳极相比, 充放电速度快 5 倍, 可持续两倍多的充电周期。

图 6-22　锗纳米管

锗元素对人体有很大好处, 主要是防止贫血, 帮助新陈代谢等, 另外锗元素还可以抗癌。大蒜中含有微量的天然锗元素, 人们在日常生活中多吃些大蒜, 对身体健康是非常有好处的。

现代科学大多是从锗矿石中提炼出锗单质，会不会将来有一天，哪位科学家从大蒜中提取出锗单质呢？因为它不一定全部来自土壤，有的可能来自大气，若真如此，真是一个天大的发明。

现在许多人都佩戴锗石手链（见图 6-23），锗的自由电子经由皮肤渗透可以缓和酸痛或疼痛，调整生物电流。因此锗石手链现在越来越受到人们的青睐。

图 6-23　锗石手链

6.4　怕冷又怕热的锡

锡（读作 xī）是大名鼎鼎的"五金"——金、银、铜、铁、锡之一。早在远古时代，人们便发现并使用锡了。在我国的一些古墓中，常发掘到一些锡壶、锡烛台之类的锡器。图 6-24 所示就是一个由质量分数为 99.99% 的锡制造的工艺品。

锡在古代时就是青铜的组成部分之一。在铜中加入锡制成的青铜硬度较高，可以用来制造冷兵器。相传无锡在战国时期盛产锡，到了锡矿用尽之时，人们就以"无锡"来命名这地方，希望天下再也没有战争。

图 6-24　锡工艺品

　　锡元素住在元素大厦第 14 单元的 3 层，元素符号为 Sn，原子序数为 50。锡元素的特性见表 6-4。

表 6-4　锡元素的特性

相对原子质量	熔点/℃	沸点/℃	密度/（g/cm³）	天然同位素（质量分类,%）
118.7	232	2270	5.75	Sn^{112}（0.97） Sn^{114}（0.66） Sn^{115}（0.34） Sn^{116}（14.54） Sn^{117}（7.68） Sn^{118}（24.22） Sn^{119}（8.59） Sn^{120}（32.58） Sn^{122}（4.63） Sn^{124}（5.79）

　　锡是一种柔软的银白色金属，它的晶体在被弯曲折断时会发出响声。在地壳中锡比较稀少，只占地壳的 2%（质量

分数）。主要的锡矿石是锡石（见图 6-25）、黄锡矿（见图 6-26）、圆柱锡矿（见图 6-27）和硫锡铅矿（见图 6-28）。我国的锡产量占全世界的 30%，云南的个旧市是闻名世界的"锡都"。

图 6-25　锡石

图 6-26　黄锡矿

　　锡的延展性非常好，可以制成极薄的锡箔，人们常用锡箔来包装香烟、糖果等，以防其受潮。

图 6-27 圆柱锡矿

图 6-28 硫锡铅矿

锡有三种：① – 13℃时，叫作灰锡；②13～160℃时，叫作白锡；③160℃以上时，叫作脆锡。这三种锡是可以通过熔化再结晶相互转化的。

如果温度下降到 – 13℃时，锡竟会逐渐变成松散的粉末，称为"灰锡"。这种锡的"疾病"（称为锡疫），还会传染给其他"健康"的锡器，如图 6-29 所示。据说 1912 年，国外的一支探险队去南极探险，因其所用的汽油桶都是用锡焊的，在南极的冰天雪地中，焊锡变成粉末状的灰锡，以致汽油全部漏光了。锡不仅怕冷，而且怕热。在 160℃以上时，锡又转变成斜方锡。斜方锡很脆，一敲就碎，延展性很差，故此又叫作脆锡。

图 6-29　发生"锡疫"后的锡

　　古时候，人们常把锡块放在井底，以净化水质。用锡制作的器皿盛酒，冬暖夏凉、淳厚清冽，锡茶壶泡出的茶水特别清香，而用锡瓶来插花则不易枯萎。锡器（见图 6-30）以平和柔滑的特性、高贵典雅的造型，成为人们日常生活中的用具和馈赠亲友的佳品。

图 6-30　锡器

6.5 为长生不老炼就的"铅"丹

我们平时所使用的铅笔，外层是木材，内芯则是用炭制作的，整只铅笔中没有一点铅的影子，可为什么叫铅笔呢？这是因为铅（读作 qiān）十分柔软，用指甲便能在它的表面划出痕迹。如果用铅在纸上划一下便会留下一条黑道，因此古代人们曾用铅作笔，"铅笔"便由此得名。

人类早在 7000 年前就已经认识铅，炼丹术士以为铅是最古老的金属，通过将铅在熔炉里和其他物质一起熔炼，就可以变成让人长生不老的仙丹，图 6-31 所示是中国古代炼丹术图。

图 6-31　中国古代炼丹术

铅元素住在元素大厦第 14 单元的 2 层，元素符号为 Pb，原子序数为 82。铅元素的特性见表 6-5。

自然界中纯铅很少，铅主要与锌、银和铜等金属一起冶炼和提取。最主要的铅矿石是方铅矿（见图 6-32）、白铅矿（见

图6-33）和铅矾（见图6-34）。

表6-5　铅元素的特性

相对原子质量	熔点/℃	沸点/℃	密度/（g/cm³）	天然同位素（质量分数,%）
207. 2	328	1740	11. 343	Pb^{204}（1. 4） Pb^{206}（24. 1） Pb^{207}（22. 1） Pb^{208}（52. 4）

图6-32　方铅矿

图6-33　白铅矿

图 6-34 铅矾

铅的主要用途之一是制造铅蓄电池,并且全世界生产的大部分铅都被用在了制造铅蓄电池上,工厂、码头、车站和公园所用的电瓶车里的电瓶便是铅蓄电池,飞机、汽车等各种交通工具也都是用铅蓄电池作为照明和点火的电源。

铅还可用于阻隔放射性辐射(医院里 X 射线检查室与观察室之间总是用厚铅板隔开),甚至直接用来制作铅衣(见图 6-35),供医生在强辐射下抢救病人。

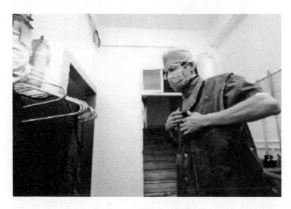

图 6-35 铅衣

107

铅的许多化合物色彩缤纷，常被用作颜料，如铬酸铅是黄色颜料（见图6-36），碘化铅是金色颜料（见图6-37），碳酸铅是白色颜料（见图6-38）。

图 6-36　铬酸铅

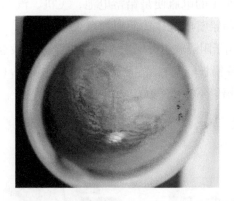

图 6-37　碘化铅

铅在空气中很容易被氧化成灰黑色的氧化铅，导致其表面渐渐从金属光泽变得暗淡无光。氧化铅能形成一层致密的薄膜，可防止内部的铅进一步被氧化，所以铅不易被腐蚀。著名的制造硫酸的铅室法，就是因为在铅制的反应器中进行化学反应而得名的。

图 6-38 碳酸铅

铅还可以用来制造子弹的弹头，这是因为弹头里灌有铅后增加了重量，在前进时受空气阻力的影响小，便于准确射击。

第7章

氮和它的"兄弟们"

7.1 生命的基础——氮

氮（读作 dàn）是构成生命的两种基本物质——蛋白质和核酸的重要元素，也是生命的基础，可以说没有氮就没有生命。氮也存在于一些矿物（如含硝酸根的矿石）中，我国新疆的硝酸石矿（见图7-1）就是生产硝酸钠、硝酸钾的重要来源。

图 7-1　新疆的硝酸石矿

1772 年，英国的卢瑟福从磷和空气作用后剩下的气体中发现了氮气。我国清末化学家徐寿在第一次把氮译成中文时曾写成"淡气",可能是说它冲淡了空气中氧气的意思吧。

氮元素住在元素大厦第 15 单元的 6 层,元素符号为 N,原子序数为 7。氮元素的特性见表 7-1。

表 7-1　氮元素的特性

相对原子质量	熔点/℃	沸点/℃	密度/（g/cm³）	天然同位素（质量分数,%）
14.01	-210	-196	0.0012506	N^{14}（99.632） N^{15}（0.368）

氮在地壳中的含量很少,自然界中绝大部分的氮是以单质分子氮气的形式存在于大气中的,氮气占空气体积的 78%。氮气的沸点是 -195.8℃,可用来冷却其他物体,并广泛应用于医疗、科研等领域。图 7-2 所示是一个充有沸腾液氮的杜瓦瓶,它的温度为 -196℃。

图 7-2　充有沸腾液氮的杜瓦瓶

氮的单质形态是氮气,无色、无味、无臭,用氮气填充粮仓,可使粮食不霉烂、不发芽,长期保存。20 世纪 60 年代,我国曾提出了"深挖洞,广积粮,不称霸"的口号,其中"广积粮"的方法就是采用氮气填充粮仓。

谚语说："种豆子不上肥，连种几年地更肥。"不上肥地还能更肥，这是怎么回事呢？

原来自然界里有一种细菌叫作根瘤菌，根瘤菌能使豆科植物的根部形成根瘤，而根瘤可以把空气中的氮固定为氮化合物，以供植物吸收利用。所以农民朋友们都乐于种植大豆，一是因为产量高，二是因为不用施肥，管理简单。

下雨天电闪雷鸣对植物生长来说是非常有利的，这是因为空气中的氮气和氧气在雷电的作用下可生成氧化氮，其随雨水降落到地面后能和土壤化合成供植物吸收利用的氮化物。

氮可以形成多种不同的氧化物，见表 7-2。

表 7-2　氮的氧化物

名称	状态	化学式	颜色	化学性质	熔点/℃	沸点/℃
一氧化二氮	气态	N_2O	无色	稳定	-90.8	-88.5
一氧化氮	气态	NO	无色	反应能力适中	-163.6	-151.8
三氧化二氮	液态	N_2O_3	蓝色	室温下分解	-102	3.5
二氧化氮	气态	NO_2	红棕色	强氧化性	-11.2	21.2
四氧化二氮	气态	N_2O_4	无色	不稳定	-11.2	21.2
五氧化二氮	固态	N_2O_5	无色	不稳定	30	47

氮还可以用来制造炸药，如三硝基甲苯（TNT，如图 7-3 所示），每千克 TNT 炸药可产生 $4.2 \times 10^7 J$ 的能量。

图 7-3　三硝基甲苯（TNT）

7.2　霹雳火——磷

　　中世纪的欧洲有一个神秘的传说：只要找到一种"贤者之石"，便可点石成金。于是，无数炼金术士采用各种稀奇古怪的方法，口中念着咒语，进行着疯子一样的冶炼。

　　德国有位商人布兰德不知从何处听说人尿里可以炼出黄金，于是抱着图谋发财的目的，将砂、木炭、石灰等和人尿混合进行冶炼。在加热蒸发的过程中，他虽然没能得到黄金，却意外地分离出像白蜡一样的物质。这种物质在黑暗的小屋里浮动着蓝绿色的亮光，飘忽不定，就像"鬼火"。因为这种火光一点也不发热，也不会引燃其他物质，于是布兰德给它起了个名字，叫作"冷光"，如图 7-4 所示。这就是今日称之为白磷的物质。

图 7-4　夜间的磷火

　　就在炼金术士们利用炼丹的方法得到磷的同时，德国化学家孔克尔经过苦心摸索，终于在 1678 年也从尿中得到了白色蜡状的固体磷，并发表了一篇《论奇异的磷质及其发光丸》的论文。

113

　　一代化学巨匠拉瓦锡首先把磷（读作 lín）列入了化学元素的行列。

　　磷元素住在元素大厦第 15 单元的 5 层，元素符号为 P，原子序数为 15。磷元素的特性见表 7-3。

表 7-3　磷元素的特性

相对原子质量	熔点/℃	沸点/℃	密度/（g/cm³）	天然同位素（质量分数,%）
30. 973761	44	280（白磷）	1. 828（白磷）	P^{31}（100）

　　磷的单质有白磷、红磷、黑磷、紫磷四种同素异构体。白磷又叫黄磷，为白色或淡黄色蜡状固体，熔点为44.1℃，放在空气里会发生自燃。红磷无毒，不会自燃，加热到240℃以上才会燃烧。白磷和红磷（见图 7-5）可以相互转变，白磷在隔绝空气的条件下加热到260℃或在光照下就会转变成红磷，而红磷在加热到416℃变成蒸气之后冷凝也会变成白磷。在高压下，白磷可转变为黑磷。黑磷是磷的一种类似石墨片状结构的稳定变体。把黑磷加热到125℃则变成钢蓝色的紫磷，紫磷在自然界很少见到。图 7-6 所示是一块罕见的紫磷矿石。

图 7-5　淡黄色的白磷（左）和棕红色的红磷（右）

图 7-6 紫磷矿石

自然界中存在着大量的磷酸矿物。图 7-7 所示是一块美丽的磷质岩,是富含磷酸盐矿物的沉积岩。

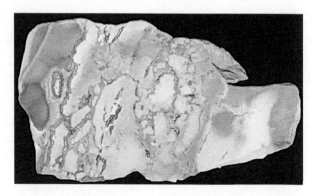

图 7-7 磷质岩

火柴盒的两侧便涂满了红磷,当擦划火柴时,火柴头与火柴盒的侧面摩擦生热,红磷受热着火,点燃火柴头上的药剂(三硫化二锑和氯酸钾),然后点燃火柴梗。

硅磷晶(见图 7-8)是一种缓慢溶解的球状化学药剂,在阻垢、防腐及提高水质方面有它的独到之处,经硅磷晶处理后的自来水可直接为工业生产和人民生活服务。

图 7-8　硅磷晶

　　磷可用来制造磷酸，用于制药、食品、化肥等工业，也可用作化学试剂。

　　把白磷装在炮弹里可制成烟幕弹，发射后白磷被抛散到空气中，立刻自燃，不断地生出滚滚的浓烟雾。多弹齐发，就会构成一道道"烟墙"，挡住敌人的视线，如图 7-9 所示。

图 7-9　白磷烟幕弹

磷是植物正常生长的必需三大元素之一，施磷能够促进植物生长，同时提高植物的抗寒性和抗旱性。

磷还在新陈代谢过程中扮演重要的角色，它是细胞核的重要组成部分，含磷的核苷酸是遗传基因的物质基础，直接关系到变化万千的生物世界。

7.3　天下毒王——砷

中国古代的炼丹家是砷（读作 shēn）的最早发现者。公元 317 年，炼丹家葛洪用雄黄、松脂、硝石三种物质经过炼制得到了砷。砷如图 7-10 所示。

图 7-10　砷

把砷叫作天下毒王一点都不过分，它的化合物三氧化二砷就是武侠小说里大名鼎鼎的"鹤顶红"，更通俗的名字是"砒霜"。我国四大名著《水浒传》中潘金莲用来害死武大郎的毒药就是"砒霜"。

砷元素住在元素大厦第 15 单元的 4 层，元素符号为 As，原子序数为 33。砷元素的特性见表 7-4。

表7-4 砷元素的特性

相对原子质量	熔点/℃	沸点/℃	密度/（g/cm³）	天然同位素（质量分数,%）
74.92	817	616（升华）	5.727	As⁷⁵（100）

砷元素广泛分布于自然界中，主要以砷黄铁矿（见图 7-11）、鸡冠石（见图 7-12）、雄黄（见图 7-13）和雌黄（见图 7-14）等形式存在。图 7-15 所示是一块葡萄状雌黄与雄黄共生天然矿物晶体，堪称世界珍稀精品。

图 7-11 砷黄铁矿

醋酸亚砷酸铜曾被用来当作绿色颜料，并有许多不同的俗名，如"巴黎绿"和"宝石绿"，有些人就是被它美丽的外表所打动而佩戴在身上，长期接触后导致了砷中毒。

高纯砷可用于半导体和激光技术，可以用在 LED 领域，把电能直接转成光能。在青铜器时代，砷通常是掺杂在青铜里，

图 7-12　鸡冠石

图 7-13　雄黄

这样可以使其更为坚硬。少量的砷加入黄铜，可以抵抗脱锌腐蚀。

图7-14 雌黄

图7-15 葡萄状雌黄与雄黄共生天然矿物晶体

7.4 热缩冷胀的锑

　　我国古代的四大发明中，活字印刷术的发明及发展有着一段曲折的过程。因为金属铅质地较软，易于制成各种字模，所以印刷术中最早采用的是铅字，但铅热胀冷缩的特性及硬度小的特点使铅活字印刷出来的字迹模糊，难于分辨，导致活字印刷术这一伟大的发明几乎夭折。

一个偶然的事件，改变了活字印刷术的历史。

一群工匠正在熔化铅矿，提炼金属铅用于制造活字时，顽皮的儿童互相投掷石块并将其投进了熔炉。结果用这次熔炼出的铅制造的活字却软硬适中，印刷后字迹清晰。聪明的工匠意识到这些石块一定具有某种神奇的功能。他们将此事上报，最终人们开始认真研究起这种神秘的石块。

几经周折，人们从这类石块中提取出了一种金属，发现虽然单独用它制造出来的活字也保证不了印刷的清晰度，但这种金属有一种特有的热缩冷胀性能。人们将这种金属掺入铅中，发现用这种材料制造出的活字的大小不再发生变化，并且金属的熔点也有所降低，使得铸造字块更加容易，同时活字的硬度还提高了不少。这种金属就是锑（读作 tī），如图 7-16 所示。

图 7-16 金属锑

锑元素住在元素大厦第 15 单元的 3 层，元素符号为 Sb，原子序数为 51。锑元素的特性见表 7-5。

表 7-5 锑元素的特性

相对原子 质量	熔点/℃	沸点/℃	密度/ （g/cm³）	天然同位素 （质量分数,%）
121.8	631	1635	6.684	Sb^{121}（57.21） Sb^{123}（42.79）

金属锑是一种不太活泼的元素，它仅能在赤热时与水反应放出氢气，在室温中不会被空气氧化，但能与氟、氯、溴化合，加热时才能与碘反应。

锑具有黄锑、灰锑、黑锑三种同素异形体，在地壳中主要以单质或辉锑矿（见图7-17）、方锑矿（见图7-18）、锑华（见图7-19）和锑赭石（见图7-20）的形式存在。目前已知的含锑矿物多达120种。

图 7-17 辉锑矿

我国的湖南省是世界上较早发现、利用锑的地区之一。明朝末年，世界上最大的锑矿产地——冷水江锑矿山被发现。它的主要矿产是呈柱状结晶并有强金属光泽的天然辉锑矿（见图7-21），年产量占全国的1/3，被誉为"世界锑都"。

图 7-18　方锑矿

图 7-19　锑华

图 7-20　锑赭石

图 7-21　天然辉锑矿

　　锑在合金中的主要作用是增加硬度，常被用作金属或合金的硬化剂。在金属中加入比例不等的锑后，合金的硬度就会加大，可以用来制造武器，所以锑被称为战略金属。

含锑合金及化合物用途十分广泛。锑化物可阻燃，所以常应用在各式塑料和防火材料中；含锑、铅的合金耐腐蚀，是生产蓄电池极板、化工管道和电缆包皮的首选材料。

毛泽东主席的诗词中有这样一句："绿水青山枉自多，华佗无奈小虫何。"其中的小虫，指的就是血吸虫。一个小小的血吸虫竟使大好河山肃杀黯淡，就连华佗这样的名医也无可奈何。新中国成立后，江西省余江县人民经过两年的探索，终于找到了用没食子酸锑钠治疗血吸虫病的方法，而这种药物中就含有大量的锑。

7.5　最后一个稳定元素——铋

铋（读作 bì）是法国人日夫鲁瓦于 1757 年经分析研究发现的新元素，是人类知道的最后一个稳定元素（它的原子序数为 83，在它后面的元素都具有放射性）。其实，铋只是文字意义上的稳定，严格来讲它也并不是绝对稳定，科学发现它有微弱的放射性，半衰期为 1.9×10^{19} 年，但因为达到了宇宙寿命的 10 亿倍，所以可认为与稳定相差无几。

铋元素住在元素大厦第 15 单元的 2 层，元素符号为 Bi，原子序数为 83。铋元素的特性见表 7-6。

表 7-6　铋元素的特性

相对原子质量	熔点/℃	沸点/℃	密度/（g/cm³）	天然同位素（质量分数,%）
209.0	272	1610	9.80	Bi²⁰⁹（100）

铋单质的化学性质与砷和锑类似。铋具有反磁性（又称抗磁性），是除汞以外热导率最低的金属。

金属铋是由矿物经煅烧后生成三氧化二铋，再与碳共热还

原而获得的，并可用火法精炼和电解精炼制得高纯铋。图 7-22
所示是铋的合成晶体，表面是非常薄并闪光的氧化层。自然铋
（见图 7-23）属于相当罕见的自然元素类矿物，通常与含有
银、钴、镍、铅和锑的矿物相伴共生，是铋矿的主要来源。自
然铋的新鲜断面呈微带浅黄的银白色，在空气中暴露过久则出
现浅红色。

图 7-22　铋的合成晶体

图 7-23　自然铋

　　铋在自然界中主要以矿物形式存在，有辉铋矿（见图 7-24）、泡铋矿（见图 7-25）、菱铋矿、铜铋矿（见图 7-26）和方铅铋矿（见图 7-27）。由于铋的熔点低，因此用木炭等可以将它从天然矿石中还原出来，所以铋在古代就被人们发现了。但由于铋性脆而硬，缺乏延展性，古人得到它后没有找到其使用价值。

图 7-24　辉铋矿

图 7-25　泡铋矿

127

图 7-26 铜铋矿

图 7-27 方铅铋矿

铋的主要用途是制造易熔合金，最常用的是铋同铅、锡、锑、铟等金属组成的合金，用于消防装置、自动喷水器和锅炉的安全塞，一旦发生火灾时，一些水管的活塞会"自动"熔化，喷出水来，自动进行灭火。

另外，用这最后一个稳定元素还可以产生新的人工元素，图 7-28 所示就是第 113 号元素产生的过程。

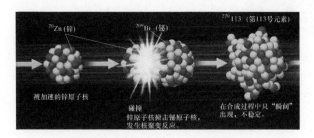

图 7-28　第 113 号元素产生的过程

第8章

伟大的"氧家族"

8.1 万物生存离不开氧

发现新元素并不一定是专业化学家们的专利，有些化学业余爱好者也在这方面取得了举世瞩目的成就，英国的牧师普里斯特利就是其中的一个，他发现了氧（读作 yǎng）元素。

自幼漂泊不定的生活，养成了普里斯特利善于独立思考的性格。他最感兴趣的就是空气。他常常思考，为什么放在封闭容器中的小老鼠几天后就会死去？容器中本来有空气，老鼠为什么不能长期活下去？为什么在封闭容器中的鲜花不但不会枯萎，而且不久还长出了新的花蕾？

至今也没有人搞明白，在 1774 年一个炎热的午后，普里斯特利出于何种动机，拿着一个特大号的凸透镜，把太阳光聚焦起来加热氧化汞。当时正是午睡的时间，普里斯特利也被太阳晒得懒洋洋的，有点无精打采。但是氧化汞上冒出的气体却使他感到十分轻松舒畅，精神倍增。他贪婪地呼吸着这种气体，脑海里突然想到是不是这种气体可以让小老鼠也有同样的感觉呢？

普里斯特利立即动手，制取了大量的这种气体，将其放进装有小老鼠的封闭容器中。奇迹发生了，小老鼠开始活蹦乱跳。普里斯特利源源不断地向里面通入这种神奇的气体，小老鼠过了好久也没有死亡的迹象。

这种神奇的气体，就是氧气。

伟大的化学家拉瓦锡后来又重复了他的实验，并且摆脱传统思想的束缚，大胆地提出了氧化的概念。他提出的燃烧氧化理论终于推翻了统治化学近百年的燃素学说。

氧气的中文名称是清朝徐寿命名的。他认为人的生存离不开氧气，所以就命名为"养气"，即"养气之质"。后来为了气体元素写法上的统一，就用"氧"代替了"养"字。

世间万千生命，都需要呼吸，都离不开氧。

氧元素住在元素大厦第 16 单元的 6 层，元素符号为 O，原子序数为 8。氧元素的特性见表 8-1。

表 8-1　氧元素的特性

相对原子质量	熔点/℃	沸点/℃	密度/（g/cm³）	天然同位素（质量分数,%）
16.00	-218	-183	0.001429	O^{16}(99.757) O^{17}(0.038) O^{18}(0.205)

氧是地球上最多的元素，几乎占地壳总重量的一半。它在地壳中基本上是以氧化物的形式存在的。无论是人、动物还是植物，他们的生物细胞都有类似的组成，其中氧元素的质量分数占到了 65%。波光粼粼的大海、茂密无边的森林、嶙峋壮观的山岩都由氧元素充当主要材料。

液氧为浅蓝色液体（见图 8-1），是一种制冷剂，也是高能燃料氧化剂，它和锯屑、煤粉的混合物叫作液氧炸药。液态氧也可作为火箭推进剂。

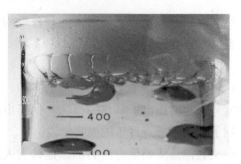

图 8-1　美丽的浅蓝色液氧

8.2　古老神奇的硫

　　硫（读作 liú）是一种古老而又神奇的元素，人类历史上最早的火药就是由硝酸钾、硫黄、木炭三种物质组成的。1777年，法国化学家拉瓦锡确认硫是一种新元素。德国化学家米切里希和法国化学家波美等人发现硫具有不同的晶形。现在已知最重要的晶状硫是斜方硫（见图 8-2）和单晶硫（见图 8-3），它们都是由 S8 环状分子组成的，如图 8-4 所示。

图 8-2　斜方硫

图 8-3　单晶硫

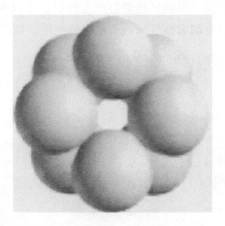

图 8-4　S8 环状分子

　　大约在 4000 年前，埃及人已经知道使用硫燃烧所形成的二氧化硫来漂白布匹。现在社会上的一些不法商贩也会用硫黄来熏蒸馒头，使馒头看起来又大又白，但却对人体有害。

　　硫元素住在元素大厦第 16 单元的 5 层，元素符号为 S，原

133

子序数为16。硫元素的特性见表8-2。

表8-2 硫元素的特性

相对原子质量	熔点/℃	沸点/℃	密度/（g/cm³）	天然同位素（质量分数,%）
32.06	113	445	2.07	S³²（94.93） S³³（0.76） S³⁴（4.29） S³⁶（0.02）

　　每一次火山爆发（见图8-5）都会把大量地下的硫带到地面，图8-6所示就是火山爆发后的硫。硫在自然界中经常以硫化物或硫酸盐的形式出现。煤和石油中也含少量硫，在燃烧煤和石油时会有二氧化硫被释放出来，它们是都市烟雾的主要成分。单质硫在氧气里剧烈燃烧会产生热量，发出明亮的蓝紫色火焰，并生成有刺激性气味的二氧化硫气体，如图8-7所示。

图8-5 火山爆发的美景

　　工业和发电厂燃烧煤时会释放出大量的二氧化硫，这些二氧化硫在空气中与水和氧结合会形成硫酸，导致酸雨，降低水和土壤的 pH 值，并对自然环境造成巨大的破坏。

图 8-6 火山爆发后的硫

图 8-7 硫在氧气里燃烧

　　工业生产中最重要的硫化物是硫酸。硫酸是很多工业过程中必不可少的一个原材料，其消耗量的大小被看作是一个国家工业化程度的标志。硫酸也是我们知道的三大强酸之一，另外两种分别是盐酸和硝酸。

135

硫的氢化物——硫化氢有一股特别难闻的臭鸡蛋味，毒性非常高，可以引起急性中毒。

铁的硫化物在大自然中也很常见，被称为黄铁矿，如图8-8所示。

图8-8 黄铁矿

不论是在国内还是国外，古医药学家都把硫应用于医药中，如李时珍的《本草纲目》中就提到过硫在医药中的运用。现在仍有许多青少年为了治疗脸上的青春痘，每天用硫黄香皂洗脸。

8.3 抗癌之王——硒

1817年，瑞典化学家柏采利乌斯在研究硫酸厂铅室中沉淀的红色淤泥时发现了一种新元素，随即命名为硒（读作 xī）。他通过还原硒的氧化物，得到了橙色的无定形硒。如果缓慢冷却熔融的硒，会得到灰色晶体硒，图8-9所示就是一块珍贵的灰晶硒。在空气中让硒化物自然分解，可得到黑色晶体硒。

自然硒（见图8-10）是一种链状金属单质矿物，是硒化物的风化产物，常与褐铁矿共生。硒单质矿产是极难找到的，

图 8-9 灰晶硒

中国湖北恩施市新塘乡鱼塘坝是全球唯一的硒独立成矿地区，被誉为"硒都"。2011 年 9 月 19 日，第 14 届国际人与动物微量元素大会在湖北省恩施市举行，大会主题就是"相聚中国硒都，探讨微量元素"。

图 8-10 自然硒

硒元素住在元素大厦第 16 单元的 4 层，元素符号为 Se，原子序数为 34。硒元素的特性见表 8-3。

到目前为止，已发现的硒矿物有百余种，我国秦岭山脉的矿床中就含有丰富的硒硫锑矿、硒硫锑铜矿、硒铅矿（见图 8-11）和硒镍矿。

表8-3 硒元素的特性

相对原子质量	熔点/℃	沸点/℃	密度/(g/cm^3)	天然同位素（质量分数,%）
78. 97	217	685	4. 81	Se^{74}(0. 89)、Se^{76}(9. 37)、Se^{77}(7. 63)、Se^{78}(23. 77)、Se^{80}(49. 61)、Se^{82}(8. 73)

图8-11 硒铅矿

硒被国内外医药界和营养学界尊称为"生命的火种"，享有"抗癌之王"的美誉。硒在人体组织内含量极少，但却决定了生命的存在，因此人类每天应该像摄取蛋白质和维生素一样，补充足够的硒。我国黑龙江省五常市光照充足，昼夜温差大，是富硒大米的生产基地。五常大米素有"五常米、帝王粮"之称，大米中富含的硒元素具有极佳的防癌效果。

8.4 奇异的"碲金"

1782 年，奥地利的一位矿场监督牟勒在一个矿穴里发现了一种美丽的矿石，它略显淡黄的银白色，并带有浅蓝色的光泽。

好奇的牟勒进行了初步实验，从这种矿石中提取了一种单质，可是这种物质与锑看起来完全不同，牟勒认为也许是一种新元素。他将少许样品寄给了当时最有名的瑞典化学家柏格曼，请他鉴定。但是柏格曼证明了这种新元素不是锑，并没有进行进一步的研究。牟勒的发现被忽略了。

16 年后的 1798 年，克拉普罗特在柏林科学院宣读一篇关于金矿论文时，重新把这个被人遗忘的元素提了出来。他将牟勒发现的这种矿石溶解在王水中，用过量碱使溶液部分沉淀，然后利用化学分析法和光谱分析法相结合，在沉淀中发现了一种新元素，命名为碲（读作 dì）。

碲元素住在元素大厦第 16 单元的 3 层，元素符号为 Te，原子序数为 52。碲元素的特性见表 8-4。

表 8-4 碲元素的特性

相对原子质量	熔点/℃	沸点/℃	密度/（g/cm³）	天然同位素（质量分数,%）
127. 6	450	990	8. 240	Te^{120}（0. 09） Te^{122}（2. 55） Te^{123}（0. 89） Te^{124}（4. 74） Te^{125}（7. 07） Te^{126}（18. 84） Te^{128}（31. 74） Te^{130}（34. 08）

碲有两种同素异形体，一种为结晶形，具有银白色金属光泽（见图 8-12）；另一种为无定形，呈暗灰色粉末（见图 8-13）。碲的化学性质与硒相似，有人将碲叫作"地球元素"，将硒叫作"月亮元素"。

图 8-12　结晶形碲

图 8-13　无定形碲

碲矿资源分布稀散，多伴生或以杂质形式存在于其他矿物中，主要与碲铋矿（见图8-14）、针碲金银矿（见图8-15）、碲金矿伴生在一起，所以人们也叫它"碲金"（见图8-16）。针碲金银矿是一种金和银的碲化物矿物，它呈银白色，具有金属光泽。中国四川石棉县大水沟碲矿是至今发现的唯一碲独立矿床，有"碲都"之称。

图8-14 碲铋矿

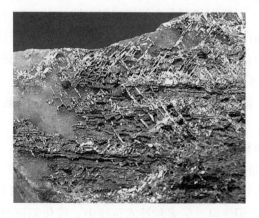

图8-15 针碲金银矿

图 8-16　碲金

碲元素比碘元素的原子序数小，但相对原子质量却大。这一奇怪的现象与门捷列夫的元素周期表不相吻合，这是因为碲的原子中中子的数量更多。

碲的用途非常多，主要表现在以下几个方面：

1）在钢和铜合金中加入少量碲，可增加钢的延展性，改善低碳钢、不锈钢和铜合金的切削加工性。

2）在白口铸铁中加入碲，可提高材料的表面硬度。

3）铅合金中加入少量的碲，可大大提高其耐蚀性、耐磨性和抗拉强度。

4）在陶瓷和玻璃工业中，碲用来制造蓝色和褐色玻璃或陶瓷产品，并使瓷釉呈粉红色。

5）碲和碲化物是制作电子计算机存储器的半导体材料，超纯碲单晶是新型的红外材料。

6）碲是制造碲化镉太阳能薄膜电池（见图 8-17）的主要原料，在太阳能电池的多种技术路线中，碲化镉薄膜电池在解决发电成本过高这一方面表现突出。

图 8-17　碲化镉太阳能薄膜电池

8.5　镭的兄弟——钋

　　法国化学家贝可勒尔一直对物体的发光现象感兴趣。1896年，贝可勒尔在验证阳光照射荧光物质产生 X 射线的过程中，把铀盐放到用黑纸包着的感光片上，因天气原因实验暂停，却意外发现在没用任何光线照射的情况下感光片上出现了痕迹。对新生事物充满好奇的贝可勒尔没有放过这一奇怪的现象，并且想到也许是铀盐会发出一种新的射线。经过进一步的实验证实，果然这种铀盐能放射出射线。

　　贝可勒尔发现的铀盐放射性现象引起了居里夫人的极大兴趣，她决定研究这一不寻常现象的实质。

　　居里夫人检验了各种复杂的矿物的放射性，意外地发现沥青铀矿的放射性比纯氧化铀强得多。她断定，铀矿石中除了铀之外，肯定还存在着一种放射性更强的元素。

　　研究的结果现在大家都知道了，铀矿里找到了钋和镭。1898 年 7 月，她把其中一种元素命名为钋（读作 pō），以纪念自己的祖国波兰。

"放射性"的概念来自居里夫人的提议。在自然界，有些物质的原子核因为不稳定，会发生衰变，变成稳定的元素，并且在其衰变的同时会放射出肉眼感知不到的射线，如人们后来所知的 α 射线、β 射线。这些物质便是"放射性元素"。钋的放射性是居里夫人早些时候发现的铀的 400 倍。

钋元素住在元素大厦第 16 单元的 2 层，元素符号为 Po，原子序数为 84。钋元素的特性见表 8-5。

表 8-5 钋元素的特性

相对原子质量	熔点/℃	沸点/℃	密度/(g/cm³)	天然同位素
209	254	962	9.40	—

钋是一种银白色金属，能在黑暗中发光，是目前已知最稀有的元素之一，在地壳中的含量约为 100 万亿分之一。天然的钋存在于铀矿石和钍矿石中，但由于含量过于微小，主要通过人工合成的方式取得。

说砷是天下毒王并不十分确切，因为那是指在稳定元素的界限内，而如果算上放射性元素，钋才可以说是世界上最毒的物质，因为 1g 钋就能造成 1 百万人死亡。同等单位下，钋比氰化氢的毒性要高 25 万倍。钋的半衰期是 138 天，而用于武器制造的铀的半衰期是 7 亿年。正因为钋的快速衰变，当人们检测时，很可能只能检测到它衰变后的物质，因此钋成了一种很难追溯的暗杀武器。

第9章

个性鲜明的卤族元素

9.1 最困难的发现——氟

氟（读作 fú）的发现被认为是 19 世纪最困难的事情之一。1529 年，德国化学家阿里科尔证实了萤石（主要成分是氟化钙，如图 9-1 所示）的存在，人们从此开始了认识氟的漫漫征程。

图 9-1　萤石

1774 年，瑞典化学家舍勒用硫酸分解萤石时，发现一种与盐酸气很相似的气体，将它溶于水中得到的酸也与盐酸类同，并且之后用硝酸、盐酸及磷酸代替硫酸和萤石反应，都得到了

145

这种"新酸"。

法国化学家拉瓦锡认为这种"新酸"和盐酸一样，其中含有氧（19 世纪以前的化学家认为所有酸都含有氧，故氧元素也称为酸素），并且提出这种"新酸"是一个未知的酸基和氧的化合物。

法国科学家安培根据这种"新酸"的性质和盐酸相似的特点，大胆地推断"新酸"中存在一种新元素。他建议参照氯的命名方式给这种元素命名为氟。但单质状态的氟却迟迟未能制得。

1886 年，法国化学家莫瓦桑采用液态氟化氢作电解质，并在这种不导电的物质中加入氟氢化钾使它成为导电体进行实验，发现在阳极上放出了呈黄绿色的气体。氟元素终于被成功分离了！而莫瓦桑因长期接触含氟的剧毒气体，年仅 54 岁便与世长辞。

自 1774 年瑞典化学家舍勒发现氟化氢，到 1886 年法国化学家莫瓦桑制得单质氟，112 年过去了，这虽然在历史长河里只是弹指一挥间，但却记载下了无数化学家的辛勤劳动，他们当中有的人身中剧毒，有的甚至献出了宝贵的生命。但愿氟元素的成功发现能够告慰他们在天之灵。

氟元素住在元素大厦第 17 单元的 6 层，元素符号为 F，原子序数为 9。氟元素的特性见表 9-1。

表 9-1　氟元素的特性

相对原子质量	熔点/℃	沸点/℃	密度/（g/cm^3）	天然同位素（质量分数,%）
19.00	-219	-188	0.001696	F^{19}(100)

氟是自然界中广泛分布的元素之一，重要的矿物有萤石、氟磷酸钙和冰晶石（见图 9-2）等。

图 9-2　冰晶石

氟是所有元素中反应活性最强的元素，几乎可以同所有的元素发生化合反应，真可谓"朋友遍天下"。有趣的是，元素越活泼，它的化合物就越稳定，这真是一个奇妙的"辩证法"。最著名的高稳定性氟化物是特氟龙（聚四氟乙烯），一般称作"不粘涂层"。这种材料具有抗酸抗碱的特点，几乎不溶于所有的溶剂。

氟是人体内重要的微量元素之一，还可以有效防止龋齿。但可怕的是，长期摄入高剂量的氟化物可能会导致癌症、神经疾病及内分泌系统功能失常！因此专家提醒使用含氟牙膏的量一般每次不超过 1g，牙膏占到牙刷头的 1/5 ~ 1/4 就可以了，无须挤满牙刷头。

氟利昂曾经是一种应用最广泛的制冷剂，可适用于高温、中温和低温制冷机，但由于氟利昂会破坏大气臭氧层，现在已被限制使用。

9.2　一日三餐离不开的氯

1774 年，瑞典化学家舍勒在用盐酸和软锰矿反应时，发现反应释放出了一种带有刺激性气味并令人窒息的气体。在紧接其后的研究过程中，舍勒发现它能腐蚀各种金属，还可漂白彩色的花瓣。但他并没有清晰地认识到这种气体是一种新元素。直到 1810 年，英国著名化学家戴维以充足的证据证明了这种气体是一种新元素。由于它呈绿颜色，故而命名为氯（读作lǜ），原意即为"绿色的"。

氯元素住在元素大厦第 17 单元的 5 层，元素符号为 Cl，原子序数为 17。氯元素的特性见表 9-2。

表 9-2　氯元素的特性

相对原子质量	熔点/℃	沸点/℃	密度/（g/cm³）	天然同位素（质量分数,%）
35.45	-101	-34	0.003214	Cl^{35}（75.78） Cl^{37}（24.22）

自然界的氯大多以氯离子形式存在于化合物中。氯的最大来源是海水，如约旦死海的海水中盐的质量分数为 28%，是世界上氯离子浓度最大的海水，如图 9-3 所示。

图 9-3　约旦死海

氯在工业生产上可用来制造塑料、合成橡胶、染料，漂白剂、消毒剂、合成药物及其他化学制品。氯气具有毒性，每升空气中含有 2.5mg 的氯气时即可在几分钟内使人死亡。

　　氯是人体不可缺少的常量元素之一，是维持体液和电解质平衡所必需的，也是胃液的一种成分。成年人每天大约需要摄入 6g 食盐，以补充流失的盐分，所以我们的一日三餐都离不开氯。青海的察尔汗盐湖（见图 9-4）由于水分不断蒸发，盐湖上形成了坚硬的盐层，著名的青藏铁路和青藏公路就是直接修建于盐层之上。察尔汗盐湖是座聚宝盆，堆积了足够全国人民食用千年的食盐。

图 9-4　察尔汗盐湖

9.3　沉睡海底千年的美人——溴

　　1824 年，法国 22 岁青年学生巴拉尔在研究他家乡蒙彼利埃的一种海苔灰时，发现了一种新的黄色液体。最初，巴拉尔认为这是一种氯或碘的化合物溶液，希望找到这种溶液的组成元素，但他尝试了种种办法也没能将这种物质分解开来，所以他断定这是一种与氯、碘相似的新元素。

　　最终，在其他化学家的帮助下，巴拉尔成功地得到了一种纯净的黄色液体，并将其命名为溴（读作 xiù）。

事实上，在巴拉尔发现溴的前几年，著名的化学家李比希就曾被要求对一种来自海底的红棕色液体进行过判断，可他没有进行细致的研究分析就断定是"氯化碘"。当李比希得知溴元素的发现时，立刻意识到了自己的错误。当时正如日中天的李比希将这件事情看成是自己一生中的奇耻大辱，他把那瓶液体放进一个柜子，并在柜子上写上"耻辱柜"，以警示自己的错误。此事也成为化学史上的一桩趣闻。

溴元素住在元素大厦第 17 单元的 4 层，元素符号为 Br，原子序数为 35。溴元素的特性见表 9-3。

表 9-3　溴元素的特性

相对原子质量	熔点/℃	沸点/℃	密度 /(g/cm^3)	天然同位素（质量分数,%）
79.90	-7	59	3.119	Br^{79} (50.69) Br^{81} (49.31)

溴分子在标准温度和压力下是有挥发性的红棕色液体。

红棕色的溴神秘而颜色极美，它是唯一在室温下呈液态的非金属元素，平时总是一副静如处子般的安详。海水中有大量的溴，海藻等水生植物中也含有大量的溴元素，所以说溴是沉睡海底的美人。目前，世界上有不少国家在进行海水提溴工作。

溴泉（见图 9-5）是一种既能喝又可洗的温泉，它的每升泉水中溴离子的含量超过了 25mg，对人体的健康非常有利。

溴化合物的用途十分广泛，如溴化银可作为照相中的感光剂。当你"咔嚓"按下快门的时候，相片上的部分溴化银就分解出银，从而得到我们所说的底片，因此溴化银常被用于制作胶卷和相纸等。

现在医院里普遍使用的镇静剂，有一类就是用溴的化合物

图9-5　溴泉

制成的，如用溴化钾、溴化钠、溴化铵配成的"三溴片"可用来治疗精神衰弱症。另外，大家熟悉的红药水也是溴与汞的化合物。

9.4　智力元素——碘

提起碘（读作diǎn），人们总是会联想到大脖子病。

碘是法国化学家库特瓦于1811年首先发现的。库特瓦经常到海边采集黑角菜和其他藻类植物，然后将其缓缓燃烧成灰，再经过加水浸渍、过滤和澄清，得到一种植物的浸取溶液。有一次，库特瓦在铜制的锅里放入这些溶液，希望通过加热能提取硝石和其他的盐类。在提取的过程中，他发现铜锅被溶液腐蚀得很厉害。他想硫酸钾、氯化钠等物质是不会腐蚀铜锅的，难道是溶液中有什么新物质和铜发生了反应？于是他将溶液继续加热并使之蒸发，竟意外地发现溶液中产生了一种美丽的紫色蒸气，而且当这种蒸气在冰冷的物体上凝结时并不变成液体，而是凝固成片状的暗黑色晶体。这一现象使库特瓦惊喜不已，他感觉到自己可能发现了一种新元素。

在化学家德索尔姆和克莱芒的帮助下，经戴维和盖吕萨克等化学家的研究，库特瓦提出了这种新物质具有元素性质的论证。1814年，这一元素被定名为碘（碘在希腊文中是紫色的意思）。看到碘晶体，我们会想到神秘的紫色、华丽的紫色、典雅的紫色！

碘元素住在元素大厦第17单元的3层，元素符号为I，原子序数为53。碘元素的特性见表9-4。

表9-4　碘元素的特性

相对原子质量	熔点/℃	沸点/℃	密度/（g/cm³）	天然同位素（质量分数,%）
126.9	114	185	4.93	I^{127} （100）

单质碘（见图9-6）是紫黑色晶体，具有金属光泽，易升华和凝华。单质碘遇淀粉会变为蓝色，因此常被用于验证淀粉的存在。碘在地壳中的含量为0.00003%（质量分数），主要矿物是碘酸钠和碘酸钙，另外还以碘化物的形式存在于海水、海藻中。

图9-6　碘

碘是人体必需的微量元素之一，有"智力元素"之称，主要用于合成甲状腺素。健康成人体内碘的总量为30mg，国家规定在食盐（见图 9-7）中添加碘的标准为 20 ~ 30mg/kg。
图 9-8 所示是一个用含碘盐组成的大大的"碘"字。

图 9-7　食盐

图 9-8　用含碘盐组成的"碘"字

　　如果受到核辐射，人们有可能会摄入放射性碘，并集中在甲状腺内，使这个器官受到较大剂量的照射。但如果在吸入放射性碘的同时服用稳定性碘，就能阻断 90% 放射性碘在甲状腺内的沉积。在吸入放射性碘数小时内服用稳定性碘，也可使甲状腺吸收放射性碘的量降低一半左右。

　　服用碘的确可封闭甲状腺，让放射性碘无法"入侵"，但

153

是摄入过量的碘也会导致碘中毒。在日常生活中适当多吃一些含碘食品，如海鱼、海虾、紫菜等，可微量补充碘。

9.5 门捷列夫预测的类碘——砹

砹（读作 ài）是门捷列夫曾经提出的类碘，它的发现经历了曲折的过程。

刚开始，化学家们根据门捷列夫的推断——类碘是一个卤素，是成盐的元素，就尝试从各种盐类里去寻找它，但结果是一无所获。后来，又有不少化学家尝试利用光谱技术以及利用相对原子质量作为突破口去寻找这个元素，也都没有成功。

1940年，意大利化学家西格雷迁居到了美国。他和美国科学家科里森、麦肯齐在加利福尼亚大学用回旋加速器加速氦原子核轰击金属铋209，成功制得了第85号元素——"类碘"，就是砹。所以可以说砹是一个人造元素。

砹元素住在元素大厦第17单元的2层，元素符号为At，原子序数为85。砹元素的特性见表9-5。

表9-5 砹元素的特性

相对原子质量	熔点/℃	沸点/℃	密度/（g/cm³）	天然同位素
210	302（估计）	337（估计）	—	—

砹是一种非金属元素，它的性质同碘很相似，并有类似金属的性质。砹很不稳定，它出世仅8.3h，便会有一半的原子核分裂变成别的元素。后来，人们在铀矿中也发现了砹，这说明在大自然中存在着天然的砹。不过它的数量极少，是地壳中含量最少的元素，而且根据计算，整个地表中也只能找到0.16g！图9-9中美丽的钙铀云母，可能含有一个砹原子。

图 9-9　钙铀云母

砹不但没有稳定的同位素，而且由于半衰期极其短暂，在科学研究方面没有实际应用。需要注意的是：砹有放射性，会造成放射性中毒，应该特别小心处理。

第10章

常见的金属元素

10.1　人类的功勋元素——铜

铜（读作 tóng）是人类发现最早的金属之一，也是最好的纯金属之一，属于重金属之列。早在远古时代，人们便发现了天然铜（纯铜），用石斧将其分开，用锤打的方法把它加工成物件。于是铜器挤进了石器的行列，并且逐渐取代了石器，结束了人类历史上的新石器时代。铜的使用对早期人类文明的进步影响深远，可以说是人类的功勋元素。1957 年和 1959 年两次在甘肃武威皇娘娘台的遗址发掘出铜器近 20 件，经分析，铜器中铜含量高达 99.63% ~ 99.87%（质量分数），属于纯铜。从中我们可以看到曾雄踞于一个历史时期的金属铜对中华文明史的贡献。

当人们有了长期用火，特别是制陶的丰富经验后，就为铜的冶炼创造了必要的条件。1933 年，河南省安阳县殷墟发掘中，发现重达 18.8kg 的孔雀石（见图 10-1）、直径在 35mm 以上的木炭块、炼铜用的将军盔及重 21.8kg 的煤渣，说明了 3000 多年前我国古代劳动人民从铜矿取得铜的过程。

铜元素住在元素大厦第 11 单元的 4 层，元素符号为 Cu，原子序数为 29。铜元素的特性见表 10-1。

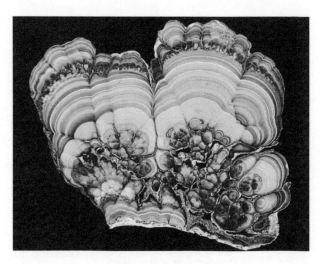

图 10-1　孔雀石

表 10-1　铜元素的特性

相对原子质量	熔点/℃	沸点/℃	密度/(g/cm³)	天然同位素（质量分数,%）
63.55	1084	2567	8.92	Cu^{63}（69.17） Cu^{65}（30.83）

　　图 10-2 是紧密排列的铜原子，这唯美的画面会不会让那些青铜时代的古人在天之灵赞叹不已。

　　纯铜（见图 10-3）是一种坚韧、柔软、富有延展性的紫红色而有光泽的金属，又被称为紫铜。工业纯铜分为三种：T1、T2、T3，编号越大，纯度越低。纯铜是富有延展性的金属，1g 铜可以拉成 3000m 长的细丝，或压成 10m² 几乎透明的铜箔。纯铜的电导率和热导率很高，仅次于银，但铜比银要便宜得多。纯铜为逆磁性物质，常用来制造不受磁场干扰的磁学仪器，如罗盘、航空仪器等。

图 10-2 紧密排列的铜原子

图 10-3 纯铜

向紫色的纯铜中加入锌，就会使铜的颜色变黄，称为黄铜，所以黄铜的主要成分是铜和锌，黄铜可用于制造精密仪器、船舶的零件、枪炮的弹壳等。黄铜敲起来声音好听，因此锣、钹、铃、号（见图 10-4）等乐器都是用黄铜制作的。

图 10-4　用黄铜制作的乐器

向紫色的纯铜中加入镍，就会使铜的颜色变白，称为白铜，所以白铜的主要成分是铜和镍。白铜色泽和银一样，不易生锈。镍含量越高，颜色越白。但是，毕竟与铜融合，只要镍的质量分数不超过70%，肉眼都会看到铜的黄色，通常白铜中镍的质量分数一般为25%。人们生活中经常用到的钥匙大多数银光闪闪，却说是铜合金的，就是因为使用的是白铜。

纯铜加镍能显著提高强度、耐蚀性、硬度、电阻和热电性，并降低电阻温度系数。因此白铜较其他铜合金的力学性能、物理性能都好且硬度高、色泽美观、耐蚀性好，常用于制造硬币、电器、仪表和装饰品，图 10-5 所示是用白铜铸成的五毒花钱。白铜的缺点是添加的元素镍属于稀缺的战略物资，价格昂贵。

图 10-5　白铜五毒花钱

由于白铜饰品从颜色、做工等方面和纯银饰品差不多，有的不法商家利用消费者对银饰不了解的心理，把白铜饰品当成纯银饰品来卖，从中获取暴利。那么，怎样来辨别是纯银饰品还是白铜饰品呢？①一般纯银饰品都会标有 S925、S990、S999 足银等字样，而白铜饰品没有这样的标记；②用针可在银的表面划出痕迹，而白铜质地坚硬，不容易划出伤痕；③银的色泽呈略黄的银白色，这是银容易被氧化成暗黄色的缘故，而白铜的色泽是纯白色，佩带一段时间后会出现绿斑；④如果在银首饰的内侧滴上一滴盐酸，会立即生成白色苔藓状的氯化银沉淀，而白铜则不会出现这种情况。

向紫色的纯铜中加入锡，就会使铜的颜色变青，称为青铜，所以青铜的主要成分是铜和锡。但是现在除黄铜、白铜以外的铜合金均称青铜。青铜是人类历史上的一项伟大发明，也是金属冶铸史上最早的合金。青铜发明后，立刻盛行起来，从此人类历史也就进入了新的阶段——青铜时代。

青铜一般具有较好的耐蚀性、耐磨性、铸造性和优良的力学性能，常用于制造精密轴承、高压轴承、船舶上抗海水腐蚀的机械零件，以及各种板材、管材、棒材等。由于青铜的熔点比较低（约为800℃），硬度高（为纯铜或锡的两倍多），所以容易熔化和铸造成型。青铜还有一个反常的特性——"热缩冷胀"，常用来铸造艺术品，冷却后膨胀，可以使花纹更清楚，如图 10-6 所示。

青铜出现后，对提高社会生产力起到了划时代的作用，中国是世界上发明青铜器最早的地区之一。那些隐埋于历史时光中的无名天才艺术家们，创造了绵延 1500 多年（从夏初至战国末）中国青铜器的萌生、发展和变化的历史，包括青铜兵器（见图 10-7）、青铜礼器（见图 10-8）、青铜雕像（见图 10-9）、青铜纹饰（见图 10-10）、青铜铭文（见图 10-11）、青铜乐器（见图 10-12）和青铜钱币等。

图 10-6 青铜制造的艺术品

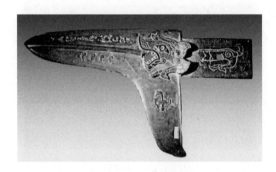

图 10-7 青铜兵器

图 10-8 青铜礼器

图 10-9　青铜雕像

图 10-10　青铜纹饰

图 10-11　青铜铭文

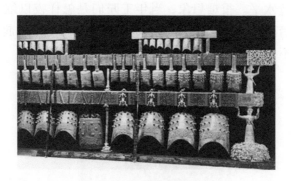

图 10-12　青铜乐器

1. 早期青铜时代

年代为公元前 2100 年至公元前 1500 年。当时人类已经会使用火，在偶然的情况下，他们将色彩斑斓的铜矿石（孔雀石、蓝铜矿、黄铜矿、斑铜矿、辉铜矿等）扔进火堆里，由于矿石的多样性，这样就无意识地熔炼出了纯铜、青铜等金属。

2. 中期青铜时代

年代为公元前 15 世纪至公元前 11 世纪间，这个时期生产技术进一步发展繁荣，青铜铸造工艺相当成熟，青铜器数量大增，此时我国青铜时代达到鼎盛。这时的青铜文化以安阳殷墟为代表，这里是商王朝的政治统治中心，也是青铜铸造业的中心。俗话说"民以食为天"，当有了合适的材料后，人们最先想到的还是提高自己的生活水平，于是各种青铜质的饮食用具纷纷出现，但是体积大而制作精美的餐具那时候还是王侯之家的专属。"钟鸣鼎食之家"指的就是王侯之家，可见那时候鼎在人们心目中的地位。那个时期的青铜器风格凝重，纹饰以奇异的动物为主，形成狞厉之美，如著名的后母戊鼎（见图 10-13）。据考古学者分析，四羊方尊是用两次分铸技术铸造的，即先将羊角与羊头单个铸好，然后将其分别配置在外范内，再进行整体浇注。整个器物用块范法浇铸，一气呵成，鬼斧神工，显示了高超的铸造水平。很难想象，当年工匠们是怎样夜以继日地工作，凭借高超的铸造工艺，才将器物与动物形状结合起来，使之千年不朽的。

图 10-13　后母戊鼎

3. 晚期青铜时代

年代为公元前 10 世纪至公元前 8 世纪间，青铜铸造工艺取得了突破发展，出现了分铸法、失蜡法等先进的工艺技术。此时期的青铜器造型精巧生动，纹样精密，形成了装饰与观赏结合之美，如青铜神树（见图 10-14）。在青铜神树的枝干上可以清晰地看到用来垂挂器物的穿孔，因此青铜制作的发声器可以悬挂在铜树上。不难想象，3000 年前，当风吹过的时候，人们可以聆听到由青铜件的摇曳和碰撞奏出的音响，而那一阵阵清脆的声响足以证明了一个伟大的青铜时代在我国达到了顶峰。

铜是一种存在于地壳和海洋中的金属，在个别铜矿床中，铜的含量可以达到3%~5%（质量分数）。自然界中的铜，多数以铜矿物存在，如蓝铜矿（见图 10-15）、黄铜矿（见图 10-16）、

图 10-14 青铜神树

赤铜矿（见图 10-17）、黝铜矿（见图 10-18）、斑铜矿（见图 10-19）等。铜矿储量最多的国家是智利，约占世界储量的 1/3。

铜冶炼技术的发展经历了漫长的过程，但至今铜的冶炼仍以火法冶炼为主，其产量约占世界铜总产量的 85%。铜的火法冶炼一般是先将含铜原矿石通过选矿得到铜精矿，在密闭的鼓风炉、电炉中进行熔炼，产出的熔锍送入转炉中吹炼成粗铜，再在反射炉内经过氧化、精炼、脱杂，或铸成阳极板进行电

图 10-15 蓝铜矿

图 10-16 黄铜矿

解，获得质量分数高达 99.9% 的电解铜。

　　铜是与人类关系非常密切的有色金属，被广泛地应用于电气、轻工、机械制造、建筑工业、国防工业等领域，在我国有色金属材料的消费中仅次于铝。铜在电气、电子工业中应用最

图 10-17　赤铜矿

图 10-18　黝铜矿

广、用量最大，占总消费量一半以上。用于各种电缆和导线（见图 10-20）、电机和变压器、开关和印制电路板，在机械和运输车辆制造中，用于制造工业阀门和配件、仪表、滑动轴承、模具、热交换器和泵等。

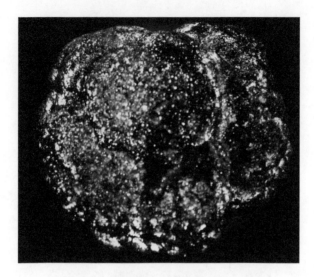

图 10-19 斑铜矿

图 10-20 铜导线

在国防工业中用以制造子弹（见图 10-21）、炮弹、枪炮零件等。

在建筑工业中，用作各种管道、管道配件（见图 10-22）、装饰器件等。

图 10-21　子弹

图 10-22　铜合金管道配件

10.2　亮晶晶的少年——银

在古代，人类就对银（读作 yín）有了认识。从近年出土的春秋时代的青铜器当中就发现镶嵌在器具表面的"金银错"（一种用金、银丝镶嵌的图案），如图 10-23 所示。由于银独有的优良特性，人们曾赋予它货币和装饰双重价值，我国古代的

　　银元宝如图 10-24 所示，1949 年以前使用的银圆就是以银为主的银铜合金，如图 10-25 所示。

图 10-23　金银错

图 10-24　银元宝

图 10-25　银圆

　　银，永远闪耀着月亮般的光辉，银的梵文原意就是"明亮"的意思。我国也常用银字来形容白而有光泽的东西，如银河、银杏、银耳、银幕等。银就像一个亮晶晶的少年，全身上下都闪烁着柔和而又美丽的光芒。

　　银元素住在元素大厦第 11 单元的 3 层，元素符号为 Ag，原子序数为 47。银元素的特性见表 10-2。

表 10-2　银元素的特性

相对原子质量	熔点/℃	沸点/℃	密度/ (g/cm^3)	天然同位素 （质量分数,%）
107.9	962	2212	10.5	Ag^{107} （51.839） Ag^{109} （48.161）

　　纯银是一种美丽的白色金属，银在自然界中很少以单质状态存在，大部分是化合物状态，在所有金属中，银的电导率、热导率最高，延展性和可塑性也较好，易于抛光和造型，还能与许多金属组成合金或假合金。

　　天然银矿（见图 10-26）通常呈矿块和晶粒的块状，但也可能呈生硬的树枝状集合体。刚刚出土或者新近抛光的银特别明亮，闪耀着银白色的金属光泽；但暴露在空气中，很快会产生一层黑色的氧化物，使其表面失去光泽。此外还有辉银矿（见图 10-27）、角银矿（见图 10-28）等。

　　纯银中银的含量为 99.99%（质量分数），又称 999.9 银；国际上鉴定银饰是否为纯银的标准为 925 银，即银的含量为 92.5%（质量分数）。

　　银在制造摄影用感光材料方面，具有特别重要的意义。因为照相纸、胶卷上涂着的感光剂都是银的化合物——氯化银或溴化银。胶片中溴化银晶体如图 10-29 所示。

　　银有很强的杀菌能力，它会使细菌进行呼吸作用必不可少的一种酶停止作用，如图 10-30 所示。公元前三百多年，亚历

图 10-26　天然银矿

图 10-27　辉银矿

山大带领军队东征时，受到热带痢疾的感染，很多使用锡制餐具的士兵得病死亡，使用银制餐具的军官们却很少染疾。

在中国民间，银器能验毒的说法广为流传。早在宋代著名法医学家宋慈的《洗冤集录》中就有用银针验尸的记载。时至

图 10-28　角银矿

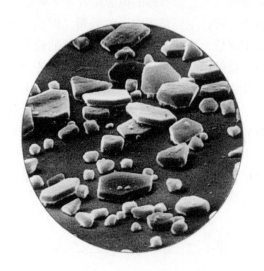

图 10-29　胶片中溴化银晶体

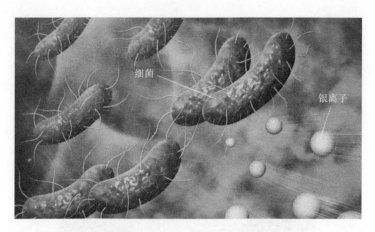

细菌

银离子

图 10-30 银离子抑制细菌繁殖

今日，还有些人常用银筷子来检验食物中是否有毒，存在着银器能验毒的传统观念，这也被当时法医检验引为准绳。

银果真能验毒吗？银验毒的说法是否科学呢？

古人所指的毒，主要是指剧毒的砒霜，即三氧化二砷，古代的生产技术落后，致使砒霜里都伴有少量的硫和硫化物。其所含的硫与银接触，就可起化学反应，使银针的表面生成一层黑色的"硫化银"，到了现代，生产砒霜的技术比古代要进步得多，提炼很纯净，不再含有硫和硫化物。银的化学性质很稳定，在通常的条件下不会与砒霜起反应。可见，古人用银器验毒是受到历史与科学限制的缘故。

鸡蛋中也含有硫，因此当银插入鸡蛋中时也会变黑，这并不能说鸡蛋有毒。

10.3 真"金"不怕火炼

金（读作 jīn）是人类最早发现的金属之一，1964 年，中国考古工作者在陕西省秦代栋阳宫遗址里发现 8 块战国时代的金饼，含金质量分数达 99% 以上，距今也已有两千多年的历史。金之所以那么早就被人们发现，主要是由于在大自然中的金矿（见图 10-31）金光灿烂，很容易被人们找到。在古代，欧洲的炼丹家们用太阳来表示金，因为金子像太阳一样闪耀着金色的光辉。

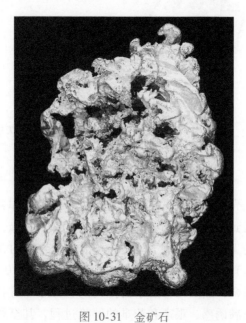

图 10-31　金矿石

在中国古代，则用黄金、白银、赤铜、青铅、黑铁这样的名字，鲜明地区别各种金属在外观上的不同。由于黄金稀少、特殊和珍贵，自古以来被视为五金之首，有"金属之王"的称号，享有其他金属无法比拟的盛誉，其显赫的地位几乎永恒。正因为黄金具有这一"贵族"的地位，一段时间曾是财富和华贵的象征，将它用作金融储备、货币、首饰等，如图 10-32 所示。

金元素住在元素大厦第 11 单元的 2 层，元素符号为 Au，原子序数为79。金元素的特性见表10-3。

图10-32 黄金

表10-3 金元素的特性

相对原子 质量	熔点/℃	沸点/℃	密度/ （g/cm³）	天然同位素 （质量分数,%）
197.0	1065	2807	19.32	Au^{197}（100）

金在地壳中的含量虽然还不算是太少，但是非常分散。至今，人们找到的最大的天然金块的质量只有112kg，而人们找到的最大的天然银块质量达13.5t（银在地壳中的含量只不过比金多1倍），最大的天然铜块竟达420t重。图10-33是一块天然的狗头金，图10-34是紧密排列的金原子。寻找金矿的过程是一个充满诱惑、艰辛和苦难的冒险过程，甚至要付出失去生命的代价，而淘金人的梦想总是与现实有着天壤之别。当我们看到那些浑身戴满金饰的人士时，总会想到一句古诗："遍身罗绮者，不是养蚕人"。

金是金属中最富有延展性的一种，1g金可以拉成长达3000m的金丝。金也可以锤打成比纸还薄的金箔，厚度只有0.0001mm，看上去几乎透明。带点绿色或蓝色，而不是金黄色。金很柔软，容易加工，用指甲都可以在它的表面划出痕迹。

俗话说"真金不怕火""烈火见真金"。这一方面说明金

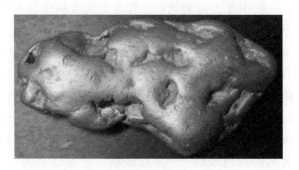

图 10-33　狗头金

图 10-34　紧密排列的金原子

的熔点较高，达 1065℃，烈火不易烧熔它。另一方面也说明金的化学性质非常稳定，任凭火烧，也不会变质。

钻石只是碳的晶体，它的元素并不稀有，但黄金却是真实的稀有元素，它与生俱来就是尊贵的。过去，黄金是金属中的"贵族"，主要被用作货币、装饰品。由于黄金硬度不高，容易被磨损，一般不作为流通货币。现在，随着科学技术的发展，黄金已成了工业原料。例如，自来水笔的金笔尖上常写着"14K"或"14开"的字样，便是说在制造金笔尖的24份（质量）的合金中，有14份（质量）是金。在一些电子计算机的集成电路中，也有用金丝作为导线的。此外，一些重要书籍的精装本封面上的金字，便是用金粉印上去的（一般书常用电化铝粉或黄铜粉代替）。如果把极细的金粉掺到玻璃中，可以制得著名的红色玻璃——金红玻璃，它是以金为着色剂的胶体着色玻璃，呈玫瑰色、鲜紫红色。图10-35所示是金红玻璃花瓶。

彩金又称彩色金，主要呈现玫瑰色、白色和粉红色，是由18K黄金与其他合金组成的。与传统的黄金和铂金相比，彩金不但能使有色宝石的色彩更加浓重，还体现了金属材质的精致、细腻。

图10-35　金红玻璃花瓶

金拥有这么多美妙的用途，它会不会被用完呢？据科学家的测量和估算，地球上的金总储量大概有48亿t，而在地核内的约有47亿t，因此分布到地壳的只有不到1亿t。金的这种分布是地球长期演化过程中形成的。在45亿年前，地球刚刚形成的时候，宇宙中的许多小天体带有一些金，在它们撞击地球时金被留了下来，由于金的密度大，金便往地心下沉，所以现在挖金矿都在地下。绝大部分地区的金矿产含量非常低，利用化学方法提炼金的成本很高，往往只能在几吨金矿石中提炼出几克的金。神奇的是，栖息于自然界中的嗜金细菌具有采金和炼金的本领，这些细菌们披挂上阵，利用它们那小巧的身躯随水钻进岩石和矿渣的每一个微小缝隙中，然后将分散的金微粒聚集起来，形成天然的金矿床。因而，人们就可以从细菌液浸提物中收集到浓度较高的金了。

值得一提的是，人们发现在海水里蕴藏着 600 万 t 黄金。于是，不少人开始研究海洋炼金。第一次世界大战的惨败使得德国负债累累，为了偿还战争赔款，缓解国家的压力，不少德国科学家也是绞尽脑汁开发新技术。化学家哈伯便是其中的例子，他曾计划从海水中提炼出黄金，用来帮助政府偿还战争赔款，遗憾的是没有成功。

天文学家发现在遥远的巨蟹座 K 星上有上千亿吨黄金，但却是可望而不可即的。也许在不久的将来，人类会在外星上开采金矿。这没什么不可能的，人类的进步是无止境的。

10.4　牺牲自己保护他人的锌

锌（读作 xīn）是人类自远古时就知道其化合物的元素之一。锌矿石和铜熔化制得合金——黄铜，早为古代人们所利用。但金属锌的获得比铜、铁、锡、铅要晚得多，一般认为这是由于碳和锌矿共热时，温度很快高达 1000 ℃以上，而金属锌的沸点是 907℃，故锌即成为蒸气状态，随烟散失，不易被古代人们所察觉。

如果把锌矿石和焦炭放到一起加热，金属锌就被还原出来，并像开水一样沸腾，变成锌蒸气，再把这种蒸气冷凝，便可制得纯净而漂亮的金属锌（见图 10-36）。

锌元素住在元素大厦第 12 单元的 4 层，元素符号为 Zn，原子序数为 30。锌元素的特性见表 10-4。

锌是古代铜、锡、铅、金、银、汞、锌等 7 种有色金属中提炼最晚的一种，是第四常见的金属，仅次于铁、铝及铜。单一锌矿较少，锌在自然界中多以硫化物状态存在，主要含锌矿物是铅锌矿（见图 10-37）和菱锌矿（见图 10-38）等。

图 10-36　金属锌

表 10-4　锌元素的特性

相对原子质量	熔点/℃	沸点/℃	密度/（g/cm³）	天然同位素（质量分数,%）
65.38	420	907	7.14	Zn^{64}（48.63） Zn^{66}（27.90） Zn^{67}（4.10） Zn^{68}（18.75） Zn^{70}（0.62）

图 10-37　铅锌矿

图 10-38　菱锌矿

　　锌最典型的用途是作为钢铁等材料的防腐蚀表面，例如白铁皮烟筒或白铁皮瓦楞板。镀层中的锌与基材中的铁在潮湿的环境中会组成原电池，锌的标准电极电位只有 −1.05V，低于铁的 −0.036V，因而锌作为阳极被氧化，而铁作为阴极被保护。由于锌被腐蚀后的生成物非常致密，可以大大提高对基体的保护作用，只有在它们的镀锌面完全腐蚀掉以后，铁皮才开始生锈。正是这种"牺牲自己、保护他人"的长处，锌被广泛用于汽车、建筑、船舶、轻工等行业，图 10-39 所示是工业上常用的镀锌板、镀锌管。锌不断地锈蚀减少，却保护了它相邻的钢铁安居乐业，这是多么可贵的自我牺牲品格啊！这种防腐方法又叫牺牲防腐。

　　氧化锌为白色粉末，可用于医药、橡胶等工业，还可以用作白色颜料。

　　除了工业应用，锌对人体本身来说也是一种必不可少的元素。从众多的补锌电视广告中我们就可以知道锌对身体是多么重要，它是人体中不可缺少的基本元素之一。有人赞美到："微量元素锌制约着生命之花的盛开或者凋谢，决定着智慧之果的萌发或夭折。"

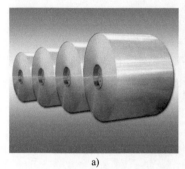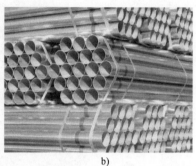

a)　　　　　　　　　　　　　　　　b)

图 10-39　镀锌钢材

a）镀锌板　b）镀锌管

　　成人体内有锌约 2～2.5g，其中眼、毛发、骨骼、男性生殖器官等组织中最高；肾、肝、肌肉中中等。人体血液中的锌有 75%～85% 在红细胞里，3%～5% 在白细胞中，其余在血浆中。

　　锌是体内含量仅次于铁的微量元素，但直到 20 世纪 60 年代才知道锌也是人体必需的一种营养素。锌是很多酶的组成成分，据说人体内有 100 多种酶含有锌。此外，锌与蛋白质的合成，以及 DNA 和 RNA 的代谢有关。血细胞中二氧化碳的输送，骨骼的正常钙化，生殖器官的发育和维持正常功能，创伤及烧伤的愈合，胰岛素的正常功能与体质敏锐的味觉等都需要锌。

　　微量元素锌对人体的免疫功能起着调节作用，锌能维持男性的正常生理机能，促进儿童的正常发育，促进溃疡的愈合。常用于厌食、营养不良、生长缓慢的儿童，还可治疗脱发、皮疹、口腔溃疡、胃炎等。微量元素锌对预防出生缺陷起着极大的作用。因此，人们把锌称为"生命元素"。要想让我们的生命之花常开，每天就应该摄取足够的锌元素。

10.5　造成女儿村的祸首——镉

英国北部有一个叫戴姆维斯的村庄，在 20 世纪 60 年代中出生的婴儿都是女孩，因此这个村庄被称为"女儿村"。经过专家们的调查证明，这个村庄的居民是因为饮用了含镉量较高的污水而造成上述现象的，可以说镉是造成女儿村的罪魁祸首。在改变水源，饮用正常水以后，就改变了生女不生男的状况。

1817 年，德国的化学教授斯特罗迈厄兼任政府委托的药商视察专员，他发现配药用的碳酸锌溶解进硫酸后再通入硫化氢，会产生黄色沉淀。为了研究这些黄色沉淀，他进行了一系列复杂的实验，从不纯的氧化锌中分离出褐色粉末，使它与木炭共热，制得带有光泽的蓝灰色金属镉。

镉（读作 gé）住在元素大厦第 12 单元的 3 层，元素符号为 Cd，原子序数为 48。镉元素的特性见表 10-5。

表 10-5　镉元素的特性

相对原子质量	熔点/℃	沸点/℃	密度/（g/cm³）	天然同位素（质量分数,%）
112.4	321	765	8.642	Cd^{106} （1.25） Cd^{108} （0.89） Cd^{110} （12.49） Cd^{111} （12.80） Cd^{112} （24.13） Cd^{113} （12.22） Cd^{114} （28.73） Cd^{116} （7.49）

镉元素在自然界中主要是以硫镉矿存在，如图 10-40所示。

图 10-40 硫镉矿

镉可用来生产颜料、油漆、染料、印刷油墨中某些黄色颜料，俗称镉黄，如图 10-41 所示，可用于玻璃、陶瓷和塑料等制品的染色。

图 10-41 镉黄

镉氧化电位高，故可用作铁、钢、铜的保护膜，主要应用于电镀领域，从前的自行车车圈就是采用的镀镉工艺。但是因为镉的污染性，现在国家已严格限制镉的使用。

镉在地壳中常以少量包含于锌矿中，很少单独成矿。金属镉比锌更易挥发，因此在用高温炼锌时，它比锌更早逸出，逃避了人们的觉察。所以在进行锌矿采集、运输、冶炼前一定要进行镉的检测。

10.6　流动的金属——汞

中国人和印度人很早就认识汞（读作 gǒng），中国古代妇女曾经采用口服少量汞的方式进行避孕，道士炼取的仙丹一般都含有汞，公元前 1500 年前的埃及人就知道用辰砂作红色颜料。

人类很早就知道辰砂（即硫化汞），并掌握了用辰砂提取汞的技术。世界上最大的辰砂晶体，被称为辰砂王！其印制在我国的邮票上，如图 10-42 所示。图 10-43 则是一个宝石级的辰砂。

图 10-42　辰砂王邮票

图 10-43　宝石级辰砂

汞元素住在元素大厦第 12 单元的 2 层，元素符号为 Hg，原子序数为 80。汞元素的特性见表 10-6。

表 10-6　汞元素的特性

相对原子质量	熔点/℃	沸点/℃	密度/（g/cm^3）	天然同位素（质量分数,%）
200. 6	− 39	357	13. 593	Hg^{196}（0. 15） Hg^{198}（9. 97） Hg^{199}（16. 87） Hg^{200}（23. 10） Hg^{201}（13. 18） Hg^{202}（29. 86） Hg^{204}（6. 87）

含汞的矿物有 20 多种，但主要的开采对象是辰砂，因为很早以前湖南的辰州（今沅陵）所产的这种结晶石最好，所以命名为辰砂。硫锑汞矿（见图 10-44）和其他一些与辰砂相连的矿物是汞最常见的矿藏。

汞是唯一的常温液态金属，像流动的金属银，所以也叫水

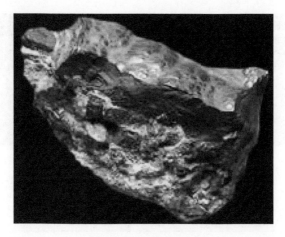

图 10-44　硫锑汞矿

银。1911 年，荷兰物理学家翁尼斯把汞冷却到零下 269℃ 时，首次发现了超导现象。由于其密度非常大，物理学家托里拆利利用汞第一个测出了大气压的准确数值。

很多金属能溶于汞形成汞齐，形成汞齐的难易程度，与金属在汞中的溶解度有关。元素周期表中的同族元素，随原子序数的增加，在汞中的溶解度也增加。铊在汞中的溶解度最大，铁在汞中的溶解度最小，因此常用铁制作盛汞容器。除铁之外，几乎所有的金属都能形成汞齐。

在我们的日常生活中，有不少用品与水银有关。比如，各类荧光灯中都含有水银，一些暖水瓶为了减少热辐射，外壁涂有水银，早期的镜子背面涂有水银，显示器等电子产品中也含有一定量的水银。

古代炼金术士总是梦想把廉价的汞变成金子，现在利用加速器可以达到这一目的，如图 10-45 所示。但即使花上一年的时间，也只能得到 0.00018g 金，实验的费用巨大，实在是得不偿失。

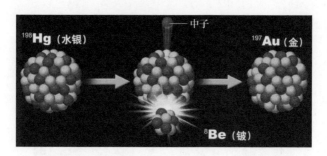

图 10-45　汞变金

10.7　太空金属——钛

钛（读作 tài）是英国化学家格雷戈尔在 1791 年研究钛铁矿（见图 10-46）时发现的，1795 年，德国化学家克拉普罗特在分析匈牙利产的红色金红石（见图 10-47）时也发现了这种元素。其实，格雷戈尔和克拉普罗特当时所发现的钛不是金属钛，而是粉末状的二氧化钛，直到 1910 年美国化学家亨特利用四氯化钛第一次制得纯度达 99.9%（质量分数）的金属钛。

图 10-46　钛铁矿

钛元素住在元素大厦第 4 单元的 4 层，元素符号为 Ti，原子序数为 22。钛元素的特性见表 10-7。

图 10-47　金红石

表 10-7　钛元素的特性

相对原子质量	熔点/℃	沸点/℃	密度/（g/cm³）	天然同位素（质量分数,%）
47.87	1660	3287	4.507	Ti^{46}（8.25） Ti^{47}（7.44） Ti^{48}（73.72） Ti^{49}（5.41） Ti^{50}（5.18）

　　稳定的化学性质，良好的耐高温、耐低温、抗强酸、抗强碱，以及高强度、低密度的优点，使钛成为一种使人类走向太空时代的战略性金属材料，在航空航天及军工领域得到广泛的使用，被誉为"太空金属"，图 10-48 所示是一个精密的钛合金航空发动机叶轮。

　　钛合金有如下优点：

　　1）比强度大。金属钛的比强度（强度与密度之比）位于金属之首。

　　2）耐蚀性好。钛在许多介质中很稳定，因为钛和氧有很大的亲和力，在空气中或含氧的介质中，钛表面生成一层致密

图 10-48 钛合金航空发动机叶轮

的、附着力强、惰性大的氧化膜，保护了钛基体不被腐蚀。

3）耐热性好。新型钛合金可在600℃或更高的温度下长期使用。

4）耐低温性好。低温钛合金的强度随温度的降低而提高，但塑性变化却不大。在 -253 ~ -196℃低温下有较好的延性及韧性，避免了金属冷脆性。

5）抗阻尼性强。金属钛受到机械振动、电振动后，其自身振动衰减时间很长。利用钛的这一性能可制作音叉、医学上的超声粉碎机振动元件等。

6）亲生物性。钛没有毒性且与人体组织及血液有好的相溶性，所以被医疗界采用，例如用来制作人造骨，如图 10-49所示。

另外，钛合金具有许多其他合金无法匹敌的功能——记忆功能，钛镍合金在一定环境温度下具有单向、双向和全方位的记忆效应，被公认是最佳记忆合金。

随着人们对钛合金更加深入的了解，它的应用也越来越广

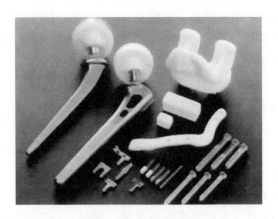

图 10-49　人造骨

泛，钛主要用于航空和航天部门。与合金钢相比，钛合金可使
飞机重量减轻40%。其他如制造人造卫星外壳、飞船蒙皮、火
箭发动机壳体（见图10-50）、导弹等，钛合金都可大显身手。

图 10-50　由钛合金组成的火箭发射器

　　纯净的二氧化钛是白色粉末，是优良的白色颜料，称为钛白。它兼有铅白的遮盖性能和锌白的持久性能，可用来制造高级白色油漆。另外"钛白"具有很好的光催化降解，可用于自清洁涂料。并且钛白具有高效的光反射性能，用它作为屋顶涂料可以减少太阳光的吸收，给室内降温。

　　还记得《星球大战》里边超炫的铠甲和飞船吗？当时的我们也会幻想拥有一身炫酷的钛合金铠甲驾驶着飞船遨游太空，还会和小伙伴们一块查字典什么是钛合金变身铠甲。后来才慢慢了解到人类想要进入太空，所使用的航天器一定要在保证足够强度的情况下尽量降低自身重量，同时还要禁得起由于与大气层发生摩擦而产生的高温考验。

　　钛有其独特的物理化学性质，从而成为一种使人类走向太空时代的战略性金属材料，在航空航天及军工领域得到广泛的使用，被誉为"太空金属"。神州十一号飞船精密的钛合金航空发动机叶轮使用了大量钛合金，并与天宫二号空间站实现"太空之吻"，如图 10-51 所示。随着科技的发展，钛合金生产、组装、研发的成本会越来越低，科学家预测，在不久的将来，我们能很容易地进入太空，来一次太空之旅，在太空中体会宇宙的浩瀚。

图 10-51　太空之吻

　　钛合金现在也被广泛应用于海洋工程，如俄罗斯台风级核潜艇双层外壳的外层通体采用钛合金来制作，用量达到 9000t。另外，在一度刷新了下潜深度的"蛟龙号"潜艇上，钛合金也是功不可没的。

　　性能这么好的材料，科学家们怎么会暴殄天物？许多国家更是在军事装备上大量采用钛金属。为了减轻装甲车的重量，增加其机动性和抗击打能力，如美国制造的"布雷德利"步兵战车就使用了多达 1t 的钛。

　　从天上到地下处处都能看到钛的身影，它既可以用在太空领域，又可用在陆地上，还可用在海洋中，是当之无愧的"海陆空金属"。另外，钛没有毒性且与人体组织及血液有好的相溶性，在医学方面也发挥了巨大的作用，被用于制作人造关节、内固定板、牙根种植体、固定螺钉等。

　　海绵钛是金属热还原法生产出的海绵状金属钛，如图 10-52 所示，其中钛的质量分数为 99.1%～99.7%。海绵钛生产是钛工业的基础环节，它是钛材、钛粉及其他钛构件的原料。把钛铁矿变成四氯化钛，再放到密封的不锈钢罐中，充以氩气，使其与金属镁反应，就得到海绵钛。这种多孔的海绵钛是不能直接使用的，还必须将其在电炉中熔化成液体，才能铸成钛锭。

图 10-52　海绵钛

　　虽然钛是一种十分活泼的金属，极易与氧气发生反应生成二氧化钛，但是，钛一旦被氧化后，就会在其表面生成一层极其致密并且完整的纳米级的氧化膜，这层氧化膜可以防止氧化继续进行。不仅如此，即使氧化膜遭到了破坏，暴露出来的钛也会再次进行"自修复"，重新使氧化膜变得致密、完整（这也是钛最神奇的地方之一），因此钛具有非常优秀的耐蚀性。

　　在钛合金加工过程中，钛板冲压成形时必须采取表面保护及减磨措施，这是由于钛及钛合金的抗磨损性很低，钛和其他金属在滑动接触状态下，很容易"焊接"在一起，如图 10-53 所示。即使正压力和相对滑动都很小，部分表面也会粘住。如果强行将其拆开，就会严重地破坏其表面粗糙度。正因为这样，钛材不宜制作螺纹和齿轮。

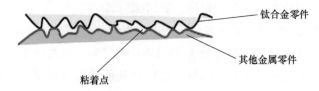

钛合金零件

其他金属零件

粘着点

图 10-53　钛合金的磨损示意图

10.8　一根火柴就能点燃的锆

　　锆（读作 gào）元素是 1789 年德国人马克在研究一块美丽的锆石时发现的，后来其他化学家又将无水四氯化锆和过量金属钠放在一起，利用电流加热，电解得到了纯金属锆（见图 10-54）。

　　划一根火柴就能将一根锆丝或一堆锆粉点燃，这是因为粉状或丝状的锆在空气中发生了急剧的氧化反应，这说明锆的着火点很低，只有 200℃ 左右。但锆的熔点并不低，大约是 1500℃。这两个方面一点都不矛盾，发生急剧的氧化反应和由

图 10-54　金属锆

固态受热变为液体是风马牛不相及的两回事。

所以人们用锆粉再加上氧化剂制造曳光弹和照明弹，燃烧起来的强光令人眩目，达到军事或科研的目的。

锆元素住在元素大厦第 4 单元的 3 层，元素符号为 Zr，原子序数为 40。锆元素的特性见表 10-8。

表 10-8　锆元素的特性

相对原子质量	熔点/℃	沸点/℃	密度/(g/cm^3)	天然同位素（质量分数,%）
91.22	1852	4377	6.52	Zr^{90}（51.46） Zr^{91}（11.23） Zr^{92}（17.11） Zr^{94}（17.40） Zr^{96}（2.80）

含锆的天然硅酸盐矿石被称为锆石（见图 10-55）或风信子石，广泛分布在自然界中。它们具有多种颜色，经打磨后晶莹剔透，千百年来作为饰品被人类所喜爱。

近几十年来，锆以其优异的核性能和惊人的耐蚀性、超高的硬度和强度等特性，开始以一种战略资源的面貌展现在世人

图 10-55 锆石

面前。

　　二氧化锆是新型陶瓷的主要材料，可用作抗高温氧化的加热材料，还可作耐酸搪瓷、玻璃的添加剂，能显著提高玻璃的弹性、化学稳定性及耐热性，图 10-56 所示就是二氧化锆球珠。锆英石（见图 10-57）是耐火材料中最有价值的化合物，它的光反射性能好，可作为陶瓷和玻璃中的遮光剂。另外，单质锆在加热时能大量地吸收氧、氢、氮等气体，是理想的吸气剂。

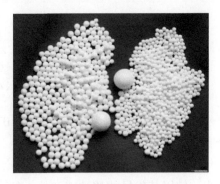

图 10-56 二氧化锆

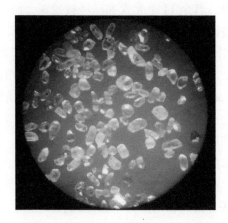

图 10-57 锆英石

在医学领域，锆生物陶瓷已用于骨科、牙科的植入体中，氧化锆全瓷牙如图 10-58 所示。

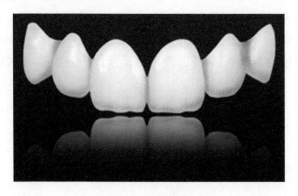

图 10-58 氧化锆全瓷牙

10.9 玻尔命令下的产物——铪

在英国物理学家莫斯莱对元素的特征 X 射线进行研究后，确定在钡和钽之间应当有 16 个元素存在。这时除了 61 号元素和

72 号元素之外，其余 14 个元素都已经被发现，而且它们都属于镧系，也就是稀土元素。那么 72 号元素应当归属于稀土元素？还是和钛、锆同属一族？当时多数化学家主张属于前者。

1913 年，丹麦物理学家玻尔提出了原子结构的量子论。接着在 1922 年又提出原子核外电子排布理论，玻尔的原子中电子层的理论已成为周期系理论的基础，他解决了多年来化学家最感兴趣的问题——找到稀土元素的精确数目。

根据玻尔的理论，72 号元素不属于稀土元素，而和锆一样是同族元素。也就是说，72 号元素不会从稀土元素矿物中出现，而应当从含锆和钛的矿石中去寻找。

玻尔作为一个伟大的化学家，对自己创建的原子中电子层的理论有着巨大的信心，科学必须是严谨的，经过长时间的深思后，玻尔建议瑞典化学家赫维西和荷兰物理学家科斯特在锆矿中寻找这一元素。在 1922 年，二人对多种含锆矿石进行了 X 射线光谱分析后，果真发现了这一元素。为了纪念该元素的发现所在地——丹麦的首都哥本哈根，他们将其命名为 hafnium，元素符号为 Hf。完全可以说，铪元素的发现，是玻尔理论的产物。

铪（读作 hā）元素住在元素大厦第 4 单元的 2 层，元素符号为 Hf，原子序数为 72。铪元素的特性见表 10-9。

表 10-9 铪元素的特性

相对原子质量	熔点/℃	沸点/℃	密度/（g/cm³）	天然同位素（质量分数,%）
178.5	2230	5197	13.31	Hf^{174} （0.16） Hf^{176} （5.26） Hf^{177} （18.60） Hf^{178} （27.28） Hf^{179} （13.62） Hf^{180} （35.08）

金属铪如图 10-59 所示，铪的细丝可用火柴的火焰点燃，性质与锆相似。铪在自然界中常与锆伴生，存在于大多数铪锆矿（见图 10-60）中，无单独矿石。

图 10-59　金属铪

图 10-60　铪锆石

金属铪的中子吸收能力强，因此常用来做核反应堆的控制棒，大量应用于原子能工业。

10.10　风华绝代的钒

很久以前，在遥远的北方住着一位美丽的女神名叫凡娜迪丝。有一天，一位远方客人来敲门，女神正悠闲地坐在圈椅上，她想：他要是再敲一下，我就去开门。然而，敲门声停止了，客人走了。女神想知道这个人是谁，怎么这样缺乏自信？她打开窗户向外望去，哦，原来是个名叫沃勒的人正走出她的院子。几天后，女神再次听到有人敲门，这次的敲门声持续而坚定，直到女神开门为止。这是个年青英俊的男子，名叫塞弗斯托姆。女神很快和他相爱，并生下了儿子——钒（读作fán）。

真实的事情是这样：1830 年，著名的德国化学家沃勒在分析墨西哥出产的一种铅矿的时候，断定这种铅矿中有一种当时人们还未发现的新元素。但是，在一些因素的干扰下，他没能继续研究下去。此后不久，瑞典化学家塞弗斯托姆发现了这一新元素——钒。

钒元素住在元素大厦第 5 单元的 4 层，元素符号为 V，原子序数为 23。钒元素的特性见表 10-10。

表 10-10　钒元素的特性

相对原子质量	熔点/℃	沸点/℃	密度/(g/cm^3)	天然同位素（质量分数,%）
50.94	1887	3377	6.11	V^{50} (0.25) V^{51} (99.75)

钒是一种银灰色的金属（见图 10-61），熔点很高，常与铌、钽、钨、钼并称为难熔金属。钒的盐类五光十色，有绿色、红色、黑色、黄色，绿的碧如翡翠，黑的犹如浓墨，看起

来真的是"风华绝代"。钒是如此的多娇，引无数化学家为之竞折腰。色彩缤纷的钒化合物，可以用来制造各种各样的颜料，把我们的生活打扮得更加美丽。如果把钒盐加入玻璃中，就能生产出非常好看的彩色玻璃。把钒盐加入墨水中，就能制造出各种彩色墨水。有些动物的血液是绿色的，就是因为其中含有钒离子。

图 10-61　钒

钒元素的踪迹遍布全世界，在地壳中，钒的含量并不少，平均两万个原子中就有一个钒原子。图 10-62 所示是钒铅矿，图 10-63 所示是钒钙矿，图 10-64 所示是钒钛磁铁矿。几乎所有的地方都有钒，但钒的分布太分散了，世界上无论何处钒的含量都不多。

在钢中添加少量钒元素，则如虎添翼。钒能通过细化钢的组织和晶粒，使钢的弹性、强度、硬度大大提高，并且既耐高温又抗严寒。

说起钒在工业上的应用，不得不提起钒氮合金，它的开山鼻祖是中国攀枝花钢铁集团，是该集团创建了钒氮合金国际标

图 10-62 钒铅矿

图 10-63 钒钙矿

准。钒氮合金添加于钢中能够最大限度地提高钢的强度、韧性、延展性、抗疲劳性、耐高温性、焊接性等综合性能。

钒电池是目前发展势头强劲的优秀绿色环保蓄电池之一，它具有特殊的电池结构，可大电流密度放电，充电迅速，比能

图 10-64　钒钛磁铁矿

量高，价格低廉，应用领域十分广阔。现在许多汽车开始采用钒电池，并有逐步取代锂电池的趋势，可以说是钒电池动了锂电池的奶酪。

10.11　烈火金刚两兄弟——铌和钽

铌和钽几乎是不分家的，很多时候二者的化合物性质相同，只是符号不同而已，而且常常"形影不离"，在自然界伴生在一起，真称得上是一对"孪生兄弟"，图 10-65 所示就是一块钽钇铌矿石。很长时间内，它们被认为是一种元素。

1907 年博尔顿用钠还原含铌的化合物制取了纯铌，1802 年厄克贝里发现了钽（读作 tǎn）元素，但无法进行提纯，直到 1903 年，经过无数科学家前赴后继的努力，才提炼出金属钽。

铌（读作 ní）住在元素大厦第 5 单元的 3 层，元素符号为 Nb，原子序数为 41。铌元素的特性见表 10-11。

图10-65 钽钇铌矿石

表10-11 铌元素的特性

相对原子质量	熔点/℃	沸点/℃	密度/ (g/cm³)	天然同位素 (质量分数,%)
92.91	2468	4742	8.57	Nb⁹³ (100)

　　钽住在元素大厦第5单元的2层,元素符号为Ta,原子序数为73。钽元素的特性见表10-12。

表10-12 钽元素的特性

相对原子质量	熔点/℃	沸点/℃	密度/ (g/cm³)	天然同位素 (质量分数,%)
180.9	2996	5425	16.60	Ta¹⁸⁰ (0.012) Ta¹⁸¹ (99.988)

　　铌和钽的熔点都很高,这两种金属可称为烈火金刚两兄弟。不要说一般的火势烧不化它们,就是炼钢炉里烈焰翻腾的火海也奈何它们不得。难怪在一些高温高热的环境里,特别是制造1600℃以上的真空加热炉时,铌和钽是十分适合的材料。

　　具有超导性能的元素不少,铌是其中临界温度最高的一种。而用铌制造的合金,临界温度高达18.5~20℃,是目前最重要的超导材料。

10.12　功勋累累的铬

　　1994 年，中国兵马俑二号坑开挖，坑中取出来一批秦朝青铜宝剑（见图 10-66），锋利无比，它的剑锋在太阳光下银光闪闪。它让人们对古人的聪明才智赞叹不已。这批宝剑上覆盖了一层金属铬，现在听起来可能不算神奇，但说明几千年前我国人民就发现并使用铬了。虽然讲"宝剑锋从磨砺出"，但是如果没有铬的保护作用，宝剑过不了多久就会生锈变钝的。

图 10-66　秦朝青铜宝剑

　　从远古的冷兵器，到今天的航天器，许多产品都是通过镀铬来保持表面不被腐蚀，铬元素可以说是"功勋累累"。
　　铬（读作 gè）元素是 1797 年法国化学家沃克兰从一种西伯利亚矿石中发现的，差不多在同一个时期里，克拉普罗特也从铬铅矿（见图 10-67）中发现了铬。
　　铬元素住在元素大厦第 6 单元的 4 层，元素符号为 Cr，原子序数为 24。铬元素的特性见表 10-13。

图 10-67　铬铅矿

表 10-13　铬元素的特性

相对原子质量	熔点/℃	沸点/℃	密度/（g/cm³）	天然同位素（质量分数,%）
52.00	1857	2672	7.20	Cr^{50}（4.345） Cr^{52}（83.789） Cr^{53}（9.501） Cr^{54}（2.365）

铬单质（见图 10-68）是银白色有光泽的金属，纯铬有延展性，含杂质的铬硬而脆。

按照在地壳中的含量，铬属于分布较广的元素之一。这可能是由于铬的天然化合物很稳定，不易溶于水，还原比较困难的原因。我国地壳中含量较多的是铬铁矿（见图 10-69）和硬铬尖晶石（见图 10-70）等。

铬可用于制造不锈钢，以不同百分比熔合的铬镍钢千变万化，种类繁多，令人难以置信。将 20g 不锈钢和 20g 碳素钢分别在稀硝酸中煮一昼夜，不锈钢能剩下 19.8g，而碳素钢则只

图 10-68　金属铬

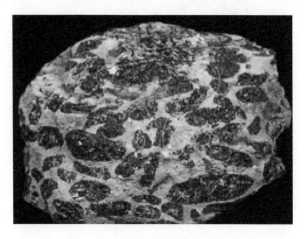

图 10-69　铬铁矿

剩下不到10g!

　　铬的重要作用是作为表面防护材料，将金属或非金属材料表面进行镀铬处理，可大大提高其耐蚀性，如图10-71所示。

图 10-70　硬铬尖晶石

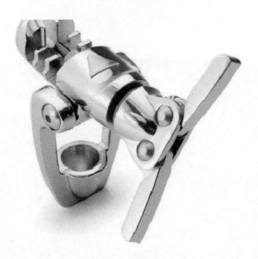

图 10-71　镀铬产品

　　铬的希腊名字是"颜色"的意思，说明含铬的产品丰富多彩，美丽动人。三氧化二铬（见图 10-72）是浅绿色的，硫酸铬（见图 10-73）是蓝绿色的，铬钒是蓝紫色的，铬酸是猩红色的，铬酸镁是黄色的，重铬酸钾（见图 10-74）是橘红色的。

图 10-72　三氧化二铬

图 10-73　硫酸铬

　　铬虽然是功勋累累，但因为它的六价离子会使人体造成慢性中毒，所以铬的应用受到了相关部门的限制。特别是在电镀行业，各国都有严格的使用标准。

图 10-74　重铬酸钾

10.13　为战争而生的钼

1782 年，瑞典的埃尔姆发现了钼元素，并用木炭和钼酸混合物密闭灼烧，得到了金属钼，如图 10-75 所示。

图 10-75　金属钼

钼（读作 mù）元素住在元素大厦第 6 单元的 3 层，元素符号为 Mo，原子序数为 42。钼元素的特性见表 10-14。

表 10-14　钼元素的特性

相对原子质量	熔点/℃	沸点/℃	密度/（g/cm³）	天然同位素（质量分数,%）
95.95	2617	4612	10.2	Mo^{92} （14.84） Mo^{94} （9.25） Mo^{95} （15.92） Mo^{96} （16.68） Mo^{97} （9.55） Mo^{98} （24.13） Mo^{100} （9.63）

　　现已发现钼矿约 20 种，具有工业价值的钼矿物主要为辉钼矿（见图 10-76），其次为钼钙矿（见图 10-77）、铁钼矿、钼铅矿（见图 10-78）、钼铜矿等。陕西渭南华县的含钼矿石储量丰富，被称为"钼都"。

图 10-76　辉钼矿

　　钼是一种稀有金属，主要用来生产特殊钢，因为加入钼之后，钢的晶粒就变得很细而且均匀，大大增加强度和韧性，钼堪称铁的忠实盟友。另外不锈钢中加入钼，能改善钢的耐蚀性，如钼钒不锈钢，图 10-79 所示是用钼钒不锈钢打造的刀具。

图 10-77 钼钙矿

图 10-78 钼铅矿

含钼的合金钢特别适合用来制造枪炮、装甲车、坦克和其他武器，这是因为其具有耐磨、耐高温、强度高的特点。20 世纪初，全世界钼产量只有几吨，第一次世界大战期间，达到了100 吨左右。在第二次世界大战的关键时期，钼的年产量达到

图 10-79　用钼钒不锈钢打造的刀具

了 3 万吨，所以说钼是一种为战争而生的金属。

采用先进的热冷拉结合工艺将优质高温钼原料加工成丝状（见图 10-80）后，可用于线切割机床（见图 10-81），作为一个电极对工件进行加工。

图 10-80　钼丝

图 10-81　采用钼丝做电极的线切割机床

　　钼也是植物必需的重要元素，关于这点还有一个有趣的故事。从前，新西兰牧场混合播种了各种牧草，但长势并不好，甚至部分枯萎发黄。但在黄色海洋里却有一块孤独的绿岛，牧草长势喜人。经过仔细观察，人们发现这个绿岛旁是一条钼矿工人上班的必经之路，工人们皮鞋上粘有许多钼矿粉，是钼矿粉使牧草长得格外好。经过研究，人们发现钼是植物生长和发育中所需微量营养元素的一种，没有它，植物就无法生存。

10.14　熔点最高的金属——钨

　　第二次世界大战中，钨是制造武器的重要原材料，在幕后政治交易中起到了非常重要的作用。

　　钨（读作 wū）住在元素大厦第 6 单元的 2 层，元素符号为 W，原子序数为 74。钨元素的特性见表 10-15。

表 10-15　钨元素的特性

相对原子质量	熔点/℃	沸点/℃	密度/（g/cm³）	天然同位素（质量分数,%）
183.8	3407	5657	19.35	W^{180}（0.12） W^{182}（26.50） W^{183}（14.31） W^{184}（30.64） W^{186}（28.43）

　　现已发现的含钨矿物有 20 种，主要有黑钨矿（见图 10-82）、白钨矿（见图 10-83）和钨铁矿（见图 10-84）。我国的钨矿藏量极为丰富，占世界第一位，钨资源储量 500 万 t，为国外 30 个产钨国家总储量（130 万 t）的 3 倍多。湖南、江西、河南三省的钨资源储量居全国的前三位，其中湖南、江西两省的钨资源储量占全国的 56%。湖南以白钨为主，江西以黑钨为主。

图 10-82　黑钨矿

图 10-83　白钨矿

图 10-84　钨铁矿

　　世界上开采出的钨矿，80%用于优质钢的冶炼，15%用于生产硬质钢，5%用于其他用途。钨可以制造枪械、火箭推进器的喷嘴、切削金属，是一种用途较广的金属，被称为"工业牙齿"和"工业食盐"。

　　1900年在巴黎世界博览会上，首次展出了高速钢，这种钢的出现标志着金属切割加工领域的重大技术进步。因为其中含有重要的元素钨，从此钨的提取技术得到了迅猛发展。1928年采用以碳化钨为主成分研制出的硬质合金，硬质合金刀具（见

图 10-85）的切削速度远远超过了最好的工具钢刀具的切削速度，这是钨的工业发展史中的一个重要阶段。

图 10-85　硬质合金刀具

钨以钨丝、钨带和各种锻造元件用于电子管生产、无线电电子学和 X 射线技术中。钨是白炽灯丝（见图 10-86）和螺旋丝的最好材料，其耐高温和不易蒸发可以有效地保证发光效率及灯丝寿命。

图 10-86　采用钨丝的灯泡

10.15 真的很"锰"

1774年，瑞典化学家柏格曼研究软锰矿（见图10-87）时，认为它是一种不同于以往金属的氧化物，在和好朋友甘恩的合作下，他们用软锰矿和木炭在坩埚中共热，成功分离出一个纽扣大小的金属锰粒。

图10-87 软锰矿

锰（读作 měng）元素住在元素大厦第7单元的4层，元素符号为Mn，原子序数为25。锰元素的特性见表10-16。

表10-16 锰元素的特性

相对原子质量	熔点/℃	沸点/℃	密度/（g/cm³）	天然同位素（质量分数,%）
54.94	1244	1962	7.44	Mn^{55}（100）

锰单质是一种过渡金属，银白色，质坚而脆，在潮湿处会氧化，生成褐色的氧化物覆盖层。它也易在升温时氧化。锰能分解水，易溶于稀酸，并有氢气放出，生成二价锰离子。

　　锰是在地壳中广泛分布的元素之一，它的氧化物矿（软锰矿）早为古代人们知悉和利用。重要的矿物还有锰铁矿（见图 10-88）、辉锰矿（见图 10-89）、褐锰矿（见图 10-90）、菱锰矿（见图 10-91）等。我国广西大新县下雷镇被誉为"世界锰都"，锰含量居世界第一位，如图 10-92 所示。

图 10-88　锰铁矿

图 10-89　辉锰矿

图 10-90 褐锰矿

图 10-91 菱锰矿

锰真的很猛，很多地方都要用到它，在实验室中二氧化锰常用作催化剂，而其最重要的用途就是制造锰钢。但是锰钢的脾气十分古怪，如果在钢中加入质量分数为 2.5%~3.5% 的锰元素，那么所制得的低锰钢简直脆得像玻璃一样，一敲就碎。然而如果加入质量分数在 14% 以上的锰元素，制成高锰钢，那么就变得既坚硬又富有韧性。当高锰钢加热到淡橙色时，变得

图 10-92　"世界锰都"——广西大新县下雷镇

十分柔软，人们很容易把它加工成各种零件。

锰钢还有一个特性就是没有磁性，这种特殊的个性使它能够用在军舰的舵室，不会影响罗盘来指引航向。

氧化锰可以作为颜料使用，图 10-93 所示的青花瓷就是采用了氧化锰和赤铁矿粉的混合物为颜料。

图 10-93　青花瓷

　　锰也是人体必需的微量元素，是构成正常骨骼时所需要的物质，并有着多方面的作用。地球上一切生命的生物学功能都与锰元素紧密相关。但是过多地吸收锰元素也会造成锰中毒现象，2012 年《焦点访谈》就以《打破钢锅问到底》为题，曝光某品牌钢锅中锰元素超标近 4 倍的事件。

10.16　使化学元素研究的面貌焕然一新的锝

　　自从门捷列夫的元素周期表诞生后，人们在它的指引下寻找新元素的步伐大大加快了。特别是对于元素与元素之间的空位，化学家们有着浓厚的兴趣。直到 1925 年，当时的元素周期表中还有四个空位没有元素填充，即 43、61、85 和 87 号。

　　1934 年，人工放射性元素的出现，为寻找上述几种元素开辟了新的途径。不久之后，这四个元素相继被发现，它们几乎都是由人工制备的，所以通常称这四种空位元素为人工元素，而第一个被发现的是锝元素。

　　1936 年底意大利物理学家谢格尔利用一台先进的回旋加速器，用氘核照射钼后得到 10g 人们寻找了近一个世纪的 43 号新元素，并确定其性质与铼非常相似，而与锰的相似程度较差，将其命名为锝。

　　元素化学的历史翻开了新的一页，锝元素的发现使化学元素研究的面貌焕然一新了。

　　锝（读作 dé）元素住在元素大厦第 7 单元的 3 层，元素符号为 Tc，原子序数为 43。锝元素的特性见表 10-17。

表 10-17　锝元素的特性

相对原子质量	熔点/℃	沸点/℃	密度/ (g/cm^3)	天然同位素
98	2172	4877	11.487	—

金属锝呈银白色（见图 10-94），在潮湿的空气中缓慢失去光泽，可以在氧气中燃烧，溶于硝酸和热浓硫酸，但不溶于盐酸。锝是地球上已知的密度最小的没有稳定同位素的化学元素。

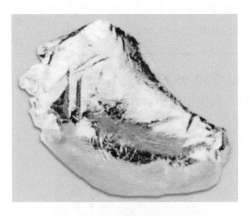

图 10-94　金属锝

锝是钢的良好缓蚀剂，少量的锝元素可使钢材的腐蚀大为减慢。因为锝具有 260 万年的长半衰期，可用作制备 β 射线标准源，多用于化学研究。

作为一个新发现的元素，锝的化学性质还没有完全被人们所认识。它仍然还是一个神秘的领域，等着我们去发掘。

10.17　姗姗"铼"迟

早在门捷列夫建立元素周期系的时候，就曾预言铼元素的存在，把它称为次锰。铼是一种真正稀有元素，另外它不形成固定的矿物，通常与其他金属伴生，就使得它成为自然界中被人们发现的最后一个元素。真可谓是姗姗来迟！

铼（读作 lái）元素住在元素大厦第 7 单元的 2 层，元素符号为 Re，原子序数为 75。铼元素的特性见表 10-18。

表 10-18 铼元素的特性

相对原子 质量	熔点/℃	沸点/℃	密度/ （g/cm³）	天然同位素 （质量分数,%）
186.2	3180	5627	21.04	Re^{185}（37.40） Re^{187}（62.60）

金属铼如图 10-95 所示。在自然界中，铼分布在辉钼矿
（见图 10-96）和铌钽矿中，含量都很低。

图 10-95 金属铼

由于价格昂贵，直到 1950 年铼才由实验室珍品变为重要
的新兴金属材料。目前铼广泛用于现代工业各部门，主要用作
石油工业和汽车工业催化剂、石油重整催化剂、电子工业和航
天工业用铼合金等。

铼合金具有极高的强度，一根和头发差不多粗细的铼合金
丝，可以承受 70N 的拉力，可谓是千钧一发。纯钨和纯钼在温
度较低的情况下变得硬而脆，但加入铼后能够同时提高强度和
塑性，人们把这种现象称为铼效应。现在的载人航天飞机上有
许多零部件就是用钨铼合金和钼铼合金制造的。

图 10-96　含铼的辉钼矿

10.18　最重要的金属——铁

在我们的生活中，铁可以算得上是最有用、最丰富、最重要的金属了，铁是三个用名字命名时代的元素之一，铁的发现和大规模使用，是人类发展史上的一个光辉里程碑，它把人类从石器时代、青铜器时代带到了铁器时代，推动了人类文明的发展。

铁在自然界中分布极为广泛，人类最早发现的铁是从天空落下来的陨石，陨石中含铁的百分比很高，是铁和镍、钴等金属的混合物，埃及人干脆把铁叫作"天石"。1978 年，在北京平谷县刘河村发掘一座商代墓葬，出土许多青铜器，最引人注目的是一件古代铁刃铜钺，经鉴定铁刃是由陨铁锻制的。

在自然界中，单质状态的铁只能从陨石中找到（见图 10-97），分布在地壳中的铁都以化合物的状态存在。陨铁可用于打造兵器，采用纯陨铁材质、由祖传十六代铸剑师郑国荣主持铸造的"中华神剑"（见图 10-98），被赠予北京奥组委永久收藏。

图 10-97　陨石

图 10-98　中华神剑

铁（读作 tiě）元素住在元素大厦第 8 单元 4 层，元素符号为 Fe，原子序数为 26。铁元素的特性见表 10-19。

表 10-19　铁元素的特性

相对原子质量	熔点/℃	沸点/℃	密度/（g/cm³）	天然同位素（质量分数,%）
55.85	1535	2750	7.86	Fe^{54} （5.845） Fe^{56} （91.754） Fe^{57} （2.119） Fe^{58} （0.282）

铁有多种同素异形体，如 α 铁、β 铁、γ 铁等。

铁是最常用的金属，有很强的磁性和良好的变形能力及导热性。铁比较活泼，在金属活动顺序表里排在氢的前面。铁在干燥空气中很难跟氧气反应，但在潮湿空气中很容易腐蚀（见图 10-99），若在酸性气体或卤素蒸气氛围中腐蚀更快。铁易溶于稀的无机酸和浓盐酸，会生成二价铁盐，并放出氢气。在常温下遇浓硫酸或浓硝酸时，表面生成一层氧化物保护膜，使铁"钝化"，故可用铁制品盛装浓硫酸或浓硝酸。

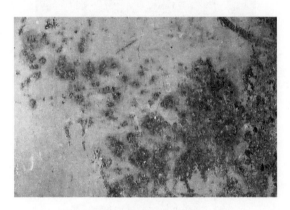

图 10-99　铁被氧化

铁是地球上分布最广的金属之一，仅次于铝。铁矿物种类繁多，目前已发现的铁矿物和含铁矿物约 300 余种，其中常见的有 170 余种。但在当前技术条件下，具有工业利用价值的主要有磁铁矿（见图 10-100）、赤铁矿（见图 10-101）、褐铁矿（见图 10-102）和菱铁矿（见图 10-103），我国的铁矿资源非常丰富，著名的产地有湖北大冶、辽宁鞍山等。

铁矿石主要用于钢铁工业冶炼含碳量不同的生铁（含碳质量分数一般在 2% 以上）和钢（含碳质量分数一般在 2% 以下）。生铁通常按用途不同分为炼钢生铁、铸造生铁、合金生铁。钢按组成元素不同分为碳素钢、合金钢。此外，铁矿石还

图 10-100 磁铁矿

图 10-101 赤铁矿

用作合成氨的催化剂。自从 19 世纪中期发明转炉炼钢法实现
钢铁工业大生产以来，钢铁一直是最重要的结构材料，在国民

图 10-102　褐铁矿

图 10-103　菱铁矿

经济中占有极重要的地位，是现代化工业最重要和应用最多的金属材料。所以，人们常把钢产量、品种、质量作为衡量一个国家工业、国防和科学技术发展水平的重要标准。

229

有趣的是，铁虽然不是最硬的金属，但是人们总是用铁来形容各种人和事物的坚硬，如"铁肩担道义""铁人""钢铁战士""雄关漫道真如铁"等。

铁是人体的必需微量元素，是血红蛋白的重要部分，人全身都需要它，在十多种人体必需的微量元素中铁无论在重要性上还是在数量上，都属于首位，一个正常的成年人全身含有3g铁，人的血液呈红色，就是因为其中含有铁元素的缘故。铁还是植物制造叶绿素不可缺少的催化剂，是光合作用、生物固氮离不开的微量元素。

10.19　拒腐蚀永不沾的钌

1828年，俄国人在乌拉尔发现了铂的矿藏，化学教授奥桑首先研究了它，1844年，喀山大学化学教授克劳斯肯定了铂矿的残渣中确实有一种新元素存在，命名为钌，金属钌如图10-104所示。

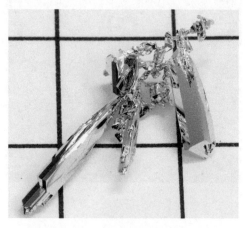

图10-104　钌

钌（读作 liǎo）元素住在元素大厦第8单元的3层，元素符号为Ru，原子序数为44。钌元素的特性见表10-20。

表 10-20　钌元素的特性

相对原子质量	熔点/℃	沸点/℃	密度/（g/cm³）	天然同位素（质量分数,%）
101. 1	2310	3900	12. 30	Ru^{96}（5. 52） Ru^{98}（1. 88） Ru^{99}（12. 70） Ru^{100}（12. 60） Ru^{101}（17. 00） Ru^{102}（31. 60） Ru^{104}（18. 70）

　　钌是铂系元素中在地壳中含量最少的一个，也是铂系元素中最后被发现的一个。它在铂被发现 100 多年后才被发现，比其余铂系元素晚 40 年。

　　钌的化学性质很稳定。在温度达 100℃ 时，对普通的酸包括王水在内均有抵抗力，对氢氟酸和磷酸也有抵抗力，可以说钌是拒腐蚀永不沾。

　　氯化钌（见图 10-105）为带有光泽的晶体颗粒，一般呈红色，有腐蚀性，极易潮解，溶于水、醇、丙酮和乙酸乙酯中，在热水中易分解。氯化钌常用作电镀或电解时的阳极，另外也是电子工业中重要的化工原料。

图 10-105　氯化钌

10. 20　密度冠军双胞胎——锇和铱

　　科学家们对铂矿石的研究是一直不断的，尤其是将铂矿石溶入王水后的残渣，更是他们热衷的对象。

　　1803 年，法国化学家坦南特研究了铂矿石溶于王水后的残渣，发现加热后会生出一种浅黄色的氧化物，极易挥发，伴有强烈臭味。坦南特断定其中必有新的金属元素存在，他进行了深入系统的研究，发现了其中的两种新元素，一种命名为锇，另一种命名为铱。图 10-106 是一块蓝灰色的锇晶体。

图 10-106　锇晶体

　　锇（读作 é）元素住在元素大厦第 8 单元的 2 层，元素符号为 Os，原子序数为 76。锇元素的特性见表 10-21。

　　铱（读作 yī）元素住在元素大厦第 9 单元的 2 层，元素符号为 Ir，原子序数为 77。铱元素的特性见表 10-22。

表 10-21　锇元素的特性

相对原子质量	熔点/℃	沸点/℃	密度/（g/cm³）	天然同位素（质量分类,%）
190. 2	3054	5027	22. 48	Os^{184}（0. 02） Os^{186}（1. 59） Os^{187}（1. 96） Os^{188}（13. 24） Os^{189}（16. 15） Os^{190}（26. 26） Os^{192}（40. 78）

表 10-22　铱元素的特性

相对原子质量	熔点/℃	沸点/℃	密度/（g/cm³）	天然同位素（质量分数,%）
192. 2	2410	4130	22. 421	Ir^{191}（37. 3） Ir^{193}（62. 7）

　　锇元素和铱元素分散在各种矿石中，例如铱锇矿（见图 10-107）、铂矿、硫化镍铜矿、磁铁矿等。

图 10-107　铱锇矿

锇是密度最大的金属单质，为 22.48g/cm³，相当于铁的 3 倍。铱是密度第二大的金属单质，为 22.421g/cm³，几乎与密度冠军锇相同。

铱的化学性质非常稳定，是目前已知最难腐蚀的金属，如果是致密状态的铱，即使是沸腾的王水，也不能腐蚀铱。用质量分数 10% 的铱和质量分数 90% 的铂制成的铂铱合金曾用来制作国际米原器，作为长度单位米的标准。

另外将锇中加入一点铱就可制成锇铱合金，锇铱合金坚硬耐磨，可用来制作又硬又锋利的手术刀，铱金笔笔尖上那颗银白色的小圆点，就是锇铱合金。铱金笔尖比普通的钢笔尖耐用，关键就在这个"小圆点"上。

1997 年开始，在摩托罗拉公司的支持下，铱星公司发射了几十颗用于手机全球通信的人造卫星，这些人造卫星就叫铱星，如图 10-108 所示。一开始的计划是 7 条运行轨道上共有 77 颗卫星，组成一个完整的移动通信系统，由于它们就像化学元素铱原子核外的 77 个电子围绕其运转一样，所以这个全球性卫星移动通信系统被称为铱星系统。

图 10-108 铱星

10.21　"地下恶魔"——钴

数百年前，在德国萨克森州金属矿床开采中心，一个矿工突然发现了一块外表似银的矿石。他认为自己发财的机会来了，所以瞒着矿主，和几个伙伴偷偷试着进行熔炼。可能由于技术上的原因，他们什么也没得到。第二天，他们又想办法找到更多的这种矿石，利用夜晚的时间进行熔炼，没想到几个人却中毒而晕倒。在矿主将他们救醒后，他们说出了真相。当时人们认为是这几个人私心太重，"地下恶魔"在惩罚他们。但紧接着的日子里，大多数工人都中毒了，矿主慌了，他领着工人们在教堂里诵读祈祷文，以期解脱"地下恶魔"迫害。

其实，这个"地下恶魔"就是他们找到的那块外表似银的矿石，它是含有硫元素的辉钴矿（见图 10-109），工人们在冶炼时，生成的二氧化硫气体导致了中毒事件。这个事件在化学界却引起了很大的反响，许多化学家亲自跑到这个矿床开采中心，以期解开工人中毒的秘密。当他们看到那种银闪闪的矿石时，立即意识到，也许是这矿石中隐藏着更多的奥秘。

图 10-109　辉钴矿

　　1753 年，瑞典化学家波朗特从这种矿石里分离出一种灰色金属，1780 年瑞典化学家伯格曼确定其为新元素——钴。

　　钴（读作 gǔ）元素住在元素大厦第 9 单元的 4 层，元素符号为 Co，原子序数为 27。钴元素的特性见表 10-23。

表 10-23　钴元素的特性

相对原子质量	熔点/℃	沸点/℃	密度/（g/cm^3）	天然同位素（质量分数,%）
58.93	1495	2870	8.9	Co^{59}（100）

　　钴是银灰色有光泽的金属，有延展性和铁磁性。常温下，致密的金属钴在空气中稳定，高于300℃时，钴被氧化。

　　钴在海洋中总量约 23 亿 t，自然界已知含钴矿物近百种，但没有单独的钴矿物，大多伴生于镍、铜、铁、铅、锌、银、锰等硫化物矿床中。主要矿物有砷钴矿（见图 10-110）、方钴矿（见图 10-111）、辉砷钴矿（见图 10-112）、铜钴矿、硫钴矿（见图 10-113）、钴华（见图 10-114）等。扎伊尔和赞比亚是最大的钴生产国，其产量约占世界总产量的 70%。

图 10-110　砷钴矿

图 10-111　方钴矿

图 10-112　辉砷钴矿

金属钴主要用于制造合金，钴基合金是钴和铬、钨、铁、镍组中的一种或几种制成的合金总称，其特点是耐高温，现在许多煤粉燃烧器、水泥热工设备均采用钴基合金。

用碳酸锂与氧化钴制成的钴酸锂是现代应用最普遍的高能电池正极材料。

钴元素不仅是制造合金钢的重要金属，而且是各种高级颜

图 10-113　硫钴矿

图 10-114　钴华

料的重要原料,如图 10-115 所示。500 多年前,我国大量生产的景泰蓝也是用蓝色的钴颜料烧制的,这种金属艺术品至今仍享誉世界。

氯化钴在无水状态时呈蓝色,一旦吸水形成含水的晶体后就会变为玫瑰红色(见图 10-116),人们利用这种特性可以制成晴雨花。在晴天,它是蓝色的;即将下雨时,它变成了紫色;到了下雨天,它是鲜艳的玫瑰红。这奇妙的晴雨花,是用

图 10-115　含钴颜料

浸有氯化钴的滤纸做成的。人们利用这"花"颜色的变化，便可预知天气，因此称它为"晴雨花"。

图 10-116　氯化钴晶体

钴可用来合成维生素 B_{12}，如果缺少了这种物质，动物就会出现脱毛等现象。在南美的一个牧场里，曾发生过一个有趣的事情。一个牧民将羊群赶到新牧场后，发现除了一只羊外，其他的羊都得了脱毛症。经过仔细地观察后，牧民发现这只未脱毛的羊吃饱喝足后总是去舔一块石头。莫非这石头里有什么文章？牧民将这块石头砸碎，混在牧草里让其他的羊吃下去，过了没多久，这些羊的脱毛症全好了。原来这块石头中含有钴元素，而这片新牧草缺少钴，所以发生了上面的情况。

大家都知道铀具有放射性，但与镭比起来却小得多，而钴有一种同位素钴60，比镭的放射性又强多了，是镭的60倍。这种放射性钴只要利用得当，就是癌症的克星，它放出的射线能够破坏癌症细胞的快速繁殖，抑制其活动能力。

10.22　为廉价首饰撑门面的铑

钌、铑、钯、锇、铱、铂这6个元素在化学上称作铂族元素，加上银和金，就是我们常说的贵金属。

铑（读作lǎo）元素住在元素大厦第9单元的3层，元素符号为Rh，原子序数为45。铑元素的特性见表10-24。

表10-24　铑元素的特性

相对原子质量	熔点/℃	沸点/℃	密度/(g/cm^3)	天然同位素（质量分数,%）
102.9	1966	3727	12.41	Rh^{103}（100）

铑常与其他铂系元素一起分散于冲积矿床和砂积矿床中，很少形成大的聚集。只有开采铂后，从剩余的残渣中提取铑才有一定的经济效益，如果单纯开采铑，浪费太大，价格昂贵。

铑是一种类似于铝的青白色金属（见图10-117），质硬而脆，具有较强的反射能力，化学稳定性好，抗氧化性强，在空气中能长期保持光泽。所以很多首饰都表面镀铑，以此来撑门面，即使是白银这种贵金属，有时也需要在表面镀一层铑，以彰显它的高贵，图10-118就是一个配有白色晶钻的银质镀铑戒指。

图 10-117　金属铑

图 10-118　配有白色晶钻的银质镀铑戒指

铑的主要工业用途是用作高质量科学仪器的防磨涂料和催化剂，铑铂合金用于生产热电偶（见图 10-119），也镀在车前照灯反射镜、电话中继器、钢笔尖等上面。

图 10-119　热电偶

铑的市场价格起伏不定，2008 年的价格是 2004 年的 20 多倍，而 2011 年的价格又是 2008 年的 1/15。巨大的价格波动不是因为投机，而是因为铑的供应量主要取决于铂的开采量。开采的铂越多，就会得到越多的残渣，生产出来的铑也就越多，所以铑的市场价格随着铂矿的开采而波动。

10.23　魔鬼金属——镍

人类认识和应用镍的年代已很悠久，镍在我国应用最早，早在公元前三世纪，我国人民就将镍的矿石加入铜中，炼成白铜，用于铸造货币。

瑞典化学家克隆斯特是一个矿物收藏家，也许是粗心的缘故，他将一块红砷镍矿石忘在了后花园里。好长时间过去了，一天他正在后花园里吃烧烤，发现这块矿石表面风化了，生成了许多晶粒。他在观赏这些晶粒时不慎将一部分掉落在了炽热的木炭堆里，克隆斯特并没有太在意，但第二天仆人却告诉他在木炭的灰烬里发现了一粒银白色的金属。这引起了克隆斯特的极大兴趣，他立即意识到风化后的晶粒与木炭发生了反应，当他看到那粒银白色的金属时，对自己的想法更加深信不疑。于是克隆斯特进行了一系列相关的实验，终于发现这是一种新元素，他将其命名为镍。

镍（读作 niè）元素住在元素大厦第 10 单元的 4 层，元素符号为 Ni，原子序数为 28。镍元素的特性见表 10-25。

表 10-25　镍元素的特性

相对原子质量	熔点/℃	沸点/℃	密度/（g/cm³）	天然同位素（质量分数,%）
58.69	1453	2732	8.90	Ni^{58}（68.0769） Ni^{60}（26.2231） Ni^{61}（1.1399） Ni^{62}（3.6345） Ni^{64}（0.9256）

镍是一种银白色金属，质地坚硬，具有磁性和良好的可塑性，能导电导热。

在自然界，最主要的镍矿是硅镁镍矿（见图 10-120）、镍黄铁矿（见图 10-121）、红镍矿（见图 10-122）、针镍矿（见图 10-123）与辉砷镍矿（见图 10-124）。古巴是世界上最著名的蕴藏镍矿的国家，在多米尼加也有大量的镍矿。我国甘肃等地有镍矿存在，镍的硫化物矿储量居世界第二位。

图 10-120　硅镁镍矿

图 10-121　镍黄铁矿

图 10-122　红镍矿

图 10-123　针镍矿

　　由于镍在空气和水中很稳定，因此镍常被镀在金属制品的表面，具有很好的耐蚀性，所以镍也被称作"魔鬼金属"。我们现在用的钥匙银光闪闪，但它却是用铜合金制造的，只是表面镀了一层镍罢了。

图 10-124   辉砷镍矿

镍质量分数为 46%、碳质量分数为 0.15% 的高镍钢，叫"类铂"，因为它的膨胀系数与铂、玻璃相似。这种高镍钢可熔焊到玻璃中，在灯泡生产上很重要，可作为铂丝的代用品。

镍铜合金（又称蒙乃尔合金）可用来制造海洋石油业用的排水沉箱（见图 10-125），镍铬钼合金可用于填充各种耐腐蚀零部件的小孔。

镍具有磁性，能被磁铁吸引。而用铝、钴与镍制成的合金，磁性特别强，这种合金受到电磁铁吸引时，不仅自己会被吸过去，而且在它下面能吊起比它重 60 倍的物体，也不会掉下来。

钛镍合金具有"记忆"的本领，而且记忆力很强，经过相当长的时间，重复上千万次都准确无误。它的"记忆"本领就是记住它原来的形状，所以人们称它为"形状记忆合金"，多用于制造航天器上使用的自动张开结构件、航天工业用的自激励紧固件、生物医学上使用的人工心脏血泵等。

图 10-125　镍铜合金制造的海洋石油业用的排水沉箱

镍的盐类大都是绿色的，氧化镍则呈灰黑色，它们除用于电镀工业外，还可用来作为陶瓷和玻璃的颜料等。

10.24　吸收气体的能手——钯

1803 年，英国化学家武拉斯顿从天然铂钯矿（见图 10-126）中又发现了一个新元素——钯。

图 10-126　天然铂钯矿

钯（读作 bǎ）元素住在元素大厦第 10 单元的 3 层，元素符号为 Pd，原子序数为 46。钯元素的特性见表 10-26。

表 10-26　钯元素的特性

相对原子质量	熔点/℃	沸点/℃	密度/(g/cm³)	天然同位素（质量分数,%）
106.4	1552	3140	12.02	Pd^{102}（1.0） Pd^{104}（11.1） Pd^{105}（22.3） Pd^{106}（27.3） Pd^{108}（26.6） Pd^{110}（11.7）

钯是自然界的一种稀有贵金属，与黄金、白银、铂金并列四大贵金属之一，每年的总产量仅为黄金产量的 5%，钯的储量主要集中在南非和俄罗斯，钯的主要用途是汽车工业和国防尖端工业。

因为一段时间铂金价格上涨过快，钯金首饰开始以相对低廉的价格而受到年轻人的喜爱，被称为"首饰新贵，时尚新宠"。钯金制成的首饰不仅具有铂金般的迷人光彩，而且它硬度高，经得住岁月的磨砺，历久如新，闪耀着洁白的光芒。钯金还十分适合肌肤，不会造成皮肤过敏，从而使人们得到美的享受。图 10-127 所示就是一套美丽的钯金耳钉。

1989 年中国人民银行发行了我国贵金属纪念币发行史上的第一枚钯金币，熊猫题材，重量为 1oz（盎司）[⊖]，含钯 99.9%（质量分数），如图 10-128 所示。

⊖　1oz = 28.3495g。

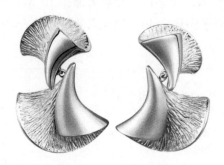

图 10-127 钯金耳钉

图 10-128 熊猫题材的钯金币

　　钯对氢气有巨大的亲和力，比其他任何金属都能吸收更多的氢，使体积显著胀大，变脆乃至破裂成碎片。常温下，1 体积海绵钯可吸收 900 体积氢气，1 体积胶体钯可吸收 1200 体积氢气。加热到 40~50℃时，吸收的氢气可大部释出。人们将钯称为"吸收气体的能手"。由于其高超的吸气本领，可以作为加氢反应的催化剂。

10.25 贵族金属——铂

1780 年，巴黎一位能工巧匠，为法国路易十六国王和王后制造了铂金戒指、胸针和铂金项链。于是，路易十六夫妇成为世界上有记载以来的第一位拥有铂金饰品的人。从此以后，铂金声誉大振，一跃居于黄金饰品之上，为皇亲国戚、达官贵人、巨富贾商所宠爱。铂金是世界上最稀有的首饰用金属之一。世界上仅南非和俄罗斯等少数地方出产铂金，每年产量仅为黄金的 5%。成吨的矿石，经过 150 多道工序，耗时数月，所提炼出来的铂金仅能制成一枚几克重的简单戒指，如图 10-129所示。如此稀有，难怪铂金被称为"贵金属之王"！

图 10-129 铂金戒指

铂（读作 bó）元素住在元素大厦第 10 单元的 2 层，元素符号为 Pt，原子序数为 78。铂元素的特性见表 10-27。

表 10-27 铂元素的特性

相对原子质量	熔点/℃	沸点/℃	密度/(g/cm^3)	天然同位素（质量分数,%）
195.1	1772	3827	21.45	Pt^{190}（0.014） Pt^{192}（0.782） Pt^{194}（32.967） Pt^{195}（33.832） Pt^{196}（25.242） Pt^{198}（7.163）

铂俗称白金，其白色光泽自然天成，不会褪色。图 10-130 所示是一块美丽的铂晶体。

图 10-130　铂晶体

自然界中的铂元素主要存在于铂矿石中，如砷铂矿、碲铂矿、铋碲铂矿、铋碲钯矿、黄铋碲钯矿、铁铂矿、硫铂矿等。

铂的用途广泛，电器与电子工业上的接触点和铂铑合金热电偶、铂铱火花塞电极都含有贵重的铂金属，国防工业上制造导弹发射燃料（过氧化氢）的催化剂就是金属铂。

在材料微观组织表征方面，铂元素发挥了巨大的作用。为了观察某些非金属材料（无机材料、高分子材料）的微观组织，必须在放大几万倍甚至几十万倍的条件下进行，这必须用到电子显微镜。但无机材料和高分子材料是不导电的，为了能够进行扫描电子分析，可将其表面喷上一层薄薄的铂金（见图 10-131）。铂金的颗粒致密细小，可很好地再现原物质的本来面貌，而不影响观察效果。

图 10-131　喷铂金

第11章

神奇的稀土金属

11.1 非稀非土的稀土

稀土的英文是 Rare Earths，"稀"原指稀少珍贵，"土"是指其氧化物难溶于水的"土"性。其实稀土元素在地壳中的含量并不稀少，性质也不像土，而是一组活泼金属。"稀土"之称只是一种历史的习惯。

17 种稀土元素通常分为两组：①轻稀土包括镧（读作 lán）、铈（读作 shì）、镨（读作 pǔ）、钕（读作 nǚ）、钷（读作 pǒ）、钐（读作 shān）、铕（读作 yǒu）、钆（读作 gá）；②重稀土包括铽（读作 tè）、镝（读作 dī）、钬（读作 huǒ）、铒（读作 ěr）、铥（读作 diū）、镱（读作 yì）、镥（读作 lǔ）、钪（读作 kàng）、钇（读作 yǐ）。也可分为铈组（镧、铈、镨、钕、钷、钐、铕、钆）和钇组（铕、钆、铽、镝、钬、铒、铥、镱、钇）。

稀土元素作为典型的金属元素，其金属活泼性仅次于碱金属和碱土金属。在 17 个稀土元素当中，按金属的活泼次序排列，由钪、钇到镧递增，又由镧到镥递减，属镧最为活泼。

稀土有"工业黄金"和"工业维生素"之称，在合金中添加一点稀土，就可大幅度提高钢材、铝合金、镁合金、钛合

252

金的综合性能。而且稀土还是电子、激光、核工业、超导等诸多高科技的润滑剂，是国防建设的重要基础元素。稀土目前已被广泛应用于电子、石化、冶金等众多领域，几乎每隔 3 ~ 5 年，科学家们就能够发现稀土的新用途，每 6 项发明中，就有一项离不开稀土。

我国稀土矿藏丰富，雄踞着三个世界第一：资源储量第一，占 23% 左右；产量第一，占世界稀土商品量的 80% ~ 90%；销售量第一，60% ~ 70% 的稀土产品出口到国外。同时，我国还是唯一一个能够提供全部 17 种稀土金属的国家，特别是军事用途极其突出的中重稀土，我国占有的份额让人艳羡。不仅如此，我国南方的离子型矿中有全球 70% 以上的重稀土资源，主要分布于我国江西、广东、福建、广西等省区，其重稀土高达 30% ~ 80%，是具有绝对竞争优势的战略资源。中国还是目前全球唯一可以供应全部稀土元素的国家。

现已知的稀土矿有 150 多种，其中比较重要的有氟碳铈矿（见图 11-1）、独居石（见图 11-2）、磷钇矿（见图 11-3）、褐钇铌矿（见图 11-4）等。

图 11-1 氟碳铈矿

图11-2 独居石

图11-3 磷钇矿

所谓稀土元素，是因为在发现这些元素的初期只能获得外观类似的氧化物，并且由于其分布分散，性质彼此相似，好像亲兄弟一样，所以发现、分离及分析它们都比较困难，因而取名"稀土"。其实这个名字并不十分科学，往往给人们造成误解，以为它们真的很稀少。事实上稀土元素在地壳中的含量超

图 11-4　褐钇铌矿

过了大家很熟悉的铅、锡、银、汞、锌这些常用金属的含量，目前稀土元素是指镧系 15 种元素和钪、钇这两种与镧系密切相关的两个元素，共 17 种元素。

我国稀土资源丰富，是名副其实的稀土大国，但过度的开采及廉价的出口已造成了不小的损失。

11.2　稀土的发现

1794 年，芬兰矿物学家、化学家加多林从斯德哥尔摩得到了一种外观像沥青一样的黑色矿物，经分析其中含有质量分数为 38% 的未知元素的氧化物"新土"，它的性质部分与氧化钙相似，部分与氧化铝相似。这一点引起了全世界化学家们的注意，许多人开始研究这种"新土"。1797 年，瑞典化学家埃克贝格确认这种"新土"是一种新元素的氧化物，并将其命名为钇土。除第 61 号元素在 1945 年由人工制得外，其他稀土元素的发现时间如下：

钇 Y
（1794 年）
- 钇
- 铽 Tb（1842 年）
- 铒 Er（1842 年）
  - 镱 Yb（1878 年）
    - 镱
    - 镥 Lu（1907 年）
    - 钪 Sc（1879 年）
  - 铥 Tm（1879 年）
  - 钬 Ho（1879 年）
    - 钬
    - 镝 Dy（1886 年）

铈 Ce
（1803 年）
- 铈
- 镧 La（1839 年）
- 镨 Di（1839 年）
  - 钐 Sm（1879 年）
    - 钐
    - 铕 Eu（1906 年）
  - 钆 Gd（1886 年）
  - 镨 Pr（1885 年）
  - 钕 Nd（1885 年）

11.3　稀土元素的族长——钇

钇是第一个被发现的稀土元素，这成为一个新的事业的开端，也是一个新的伟大家族——稀土元素家族诞生的标志。

钇元素住在元素大厦第 3 单元的 3 层，元素符号为 Y，原子序数为 39。钇元素的特性见表 11-1。

表 11-1　钇元素的特性

相对原子质量	熔点/℃	沸点/℃	密度/（g/cm³）	天然同位素（质量分数,%）
88.91	1522	3338	4.47	Y^{89}（100）

钇主要存在于钇萤石（见图 11-5）、磷钇矿（见图 11-6）、硅铍钇矿（见图 11-7）中。

图 11-5　钇萤石

图 11-6　磷钇矿

钇是稀土元素中当之无愧的族长。这不仅是因为钇发现年代早，还因为它独特的性质和卓越的贡献。钇是一种银色的具有金属光泽的稀土金属（见图 11-8），是重稀土元素，然而钇却没有"大架子"，总是与其他轻稀土共生在一起。

钇是一种用途广泛的金属，主要有以下用途：

1）合金中添加适量的富钇混合稀土后，综合性能得到明显的改善。

图 11-7　硅铍钇矿

图 11-8　钇

2）钇铝石榴石可用作激光材料，对大型构件进行钻孔、切削和焊接等机械加工。

3）由钇铝石榴石单晶片构成的电子显微镜荧光屏，荧光亮度高。

11.4　周期表预言成功的典范——钪

伟大的门捷列夫 1869 年给出第一张元素周期表时，大胆地留下空位，这也是他为人类做出的伟大贡献之一。在钙后面的空位是一个原子量 45 的空位，门捷列夫称之为"类硼"，并预测了这个元素的部分物理化学性质。

在对铒土的实验过程中，瑞士的马利纳克给出的原子量是 172.5，瑞典的尼尔森给出的原子量是 167.5，但是进一步的实验后，尼尔森给出的原子量是 134.75。这些原子量的差别让化学家们意识到，铒土中一定藏有其他新的元素。在进行光谱分析时，他们发现了一条新的吸收谱线，为新元素的存在做了最好的证明。

尼尔森的好友克利夫在这些研究的基础上，发现了原子量为 45 的新元素"类硼"。

化学家们正是通过原子量大小的变化找到"类硼"这一元素的，这就是钪元素。

钪元素的发现是门捷列夫元素周期律预言元素的成功典范，它再一次证明了元素周期律的伟大。

钪元素住在元素大厦第 3 单元的 4 层，元素符号为 Sc，原子序数为 21。钪元素的特性见表 11-2。

表 11-2　钪元素的特性

相对原子质量	熔点/℃	沸点/℃	密度/（g/cm³）	天然同位素（质量分数,%）
44.96	1541	2831	2.992	Sc^{45}（100）

钪（见图 11-9）是一种柔软、银白色的过渡性金属，常跟钇、铒等元素混合存在，含量很少。

在铝中只要加入质量分数为 0.2%~0.4% 的钪就会对铝合

图 11-9 单质钪

金起到变质作用，使再结晶温度提高 150～200℃，并且细化晶粒，使合金的结构和性能发生明显变化。

因为钪的蓝色谱线和钠的黄色谱线可以互补后产生白色光，所以人类用钪来制造钪钠灯，给千家万户带来光明，钪也被称作光明之神！

钪这种人工放射性同位素可以当作 γ 射线源或者示踪原子，还可以用来对恶性肿瘤进行放射治疗。

11.5 镧系稀土家族

在元素大厦第 3 单元 2 层住着庞大的镧系家族，共 15 个品种。

在 2 层，从原子序数为 57 号的镧到原子序数为 71 号的镥共 15 种元素称为镧系元素，依次为镧（La）、铈（Ce）、镨（Pr）、钕（Nd）、钷（Pm）、钐（Sm）、铕（Eu）、钆（Gd）、铽（Tb）、镝（Dy）、钬（Ho）、铒（Er）、铥（Tm）、镱（Yb）、镥（Lu），用 Ln 表示，这 15 种元素的化学性质十分相似，它们再加上 21 号的钪（Sc）和 39 号的钇（Y）称为稀土元素（因为钪和钇经常与镧系元素在矿床中共生，且具有相似的化学性质），用 RE 表示。

1）镧用于合金材料和农用薄膜。

2）铈大量应用于汽车玻璃。

3）镨广泛应用于陶瓷颜料。

4）钕广泛应用于航空航天材料。

5）钷为卫星提供辅助能量。

6）钐应用于核反应堆。

7）铕用于制造镜片和液晶显示屏。

8）钆用于医疗核磁共振成像。

9）铽应用于飞机机翼调节器。

10）铒应用于激光测距仪。

11）镝应用于电影、印刷等行业的照明光源。

12）钬应用于光通信器件。

13）铥用于临床诊断和治疗肿瘤。

14）镱应用于电脑记忆元件添加剂。

15）镥应用于能源电池。

第12章

宇宙特物锕系金属

12.1　庞大的锕系家族

在元素大厦第3单元的1层，从原子序数为89号锕到原子序数为103号铹共15种元素称为锕系元素，依次为锕（读作ā，元素符号为Ac）、钍（读作tǔ，元素符号为Th）、镤（读作pú，元素符号为Pa）、铀（读作yóu，元素符号为U）、镎（读作ná，元素符号为Np）、钚（读作bù，元素符号为Pu）、镅（读作méi，元素符号为Am）、锔（读作jú，元素符号为Cm）、锫（读作péi，元素符号为Bk）、锎（读作kāi，元素符号为Cf）、锿（读作āi，元素符号为Es）、镄（读作fèi，元素符号为Fm）、钔（读作mén，元素符号为Md）、锘（读作nuò，元素符号为No）、铹（读作láo，元素符号为Lr），用An表示。锕系元素均有放射性，铀后面的元素为人工合成元素，称为超铀元素。

锕系金属的外观很像白银，具有银白色光泽，都是有放射性的金属，在暗处遇到荧光物质能发光。与镧系金属相比熔点稍高，密度稍大，而且金属结构的变体多。

锕系元素中有锕、钍、镤、铀、镎和钚存在于自然界中，在地壳中钍的质量分数为0.0013%，分布广泛但蕴藏量很少。

锕系元素主要用作核反应堆的原料，和便携式的 γ 射线或 X 射线源，铀和钚等是制造核武器的主要原料。

12.2 烧不坏的灯罩——钍

很早以前，在电尚未广泛运用时，每逢夜间演戏或开村民会，总在广场上点几盏耀眼的煤气灯。煤气灯虽然有"煤气"两个字，其实并不是用煤气点的，而是用煤油作为燃料。煤气灯的灯罩十分有趣：刚买来时，它是柔软、洁白，可点过一次后，它竟变成一个硬邦邦的白色网架子，用手指一触，就会被碰得粉碎。但它却能被点十次、百次，不会烧坏。这是怎么回事呢？原来，这苎麻纱罩做好后，是在饱和的硝酸钍溶液里浸过的。就是因为有了硝酸钍，才使灯罩有了奇妙的本领。

钍的化学性质比较活泼，不溶于稀酸和氢氟酸，溶于发烟的盐酸、硫酸和王水中。硝酸能使钍钝化。苛性碱对它无作用。高温时可与卤素、硫、氮作用。钍是放射性元素，自然界的钍全部为 Th^{232}，所有钍盐都显示出 +4 价，在化学性质上与锆、铪相似。除惰性气体外，钍几乎能与所有的非金属元素作用，生成二元化合物；加热时迅速氧化并发出耀眼的光，钍是高毒性元素。

钍一般用来制造合金以提高金属强度；灼烧二氧化钍会发出强烈的白光。钍衰变所储藏的能量，比铀、煤、石油和其他燃料总和还要多许多，而且钍的含量也要比铀多得多，所以钍是一种极有前途的能源，钍还是制造高级透镜的常用原料，用中子轰击钍可以得到一种核燃料——铀-233，钍也是比铀更安全的核燃料，是未来核能利用的发展方向。

钍在自然界中存在于方钍石（见图 12-1）和钍石（见

图 12-2）中。

图 12-1 方钍石

图 12-2 钍石

12.3 核武器的核心——铀

铀元素是德国化学家马丁·克拉普罗特于 1789 年首先发

现，至今已有两百余年的历史。马丁·克拉普罗特在柏林实验室中将沥青铀矿溶解在硝酸中，再用氢氧化钠中和，成功沉淀出一种黄色化合物（可能为重铀酸钠），并利用炭加热该化合物，得到一些黑色粉末（铀的氧化物），之后他以威廉·赫歇尔发现的天王星来命名此种新元素。1898 年居里夫人证明含有铀元素的化合物都具有放射性，并发现了元素镭，同时居里夫人从铀矿石中提取出镭。此后铀的应用扩大到了医疗等方面。

铀呈银白色，具有硬度强、密度高、可延展、有放射性等特征，一般在铀与氧、氧化物或硅酸盐的结合物中发现铀。铀原子能发生裂变反应，释放大量能量。第二次世界大战中盟军的核武器计划引发对铀的需求，铀的生产应运而生。1945 年美国在日本广岛投掷了第一颗原子弹，1954 年苏联建成了第一座核电站。从此，铀的科研和生产受到世界各国的高度重视，核武器制造和核发电工业便得到迅速发展。

根据国际原子能机构的定义，丰度为 3% 的铀-235 为核电站发电用低浓缩铀，浓度大于 80% 的铀为高浓缩铀，其中丰度大于 90% 的称为武器级高浓缩铀，主要用于制造核武器。

天然铀-235 的含量很少，大约 140 个铀原子中只含有 1 个铀-235 原子，而其余 139 个都是铀-238 原子；尤其是铀-235 和铀-238 是同一种元素的同位素，它们的化学性质几乎没有差别，而且它们之间相对质量差也很小。因此，用普通的化学方法无法将它们分离，采用分离氢元素同位素的方法也无济于事，现在通用的铀浓缩方法主要是离心法，而离心分离机则是提炼浓缩铀通常采用的关键设备。如果将获得浓缩铀比作炼金术的话，那么低纯度铀-235 就是些普通金矿石，铀浓缩离心机则成为点石成金的"魔棒"，能够用它获得浓缩铀，进而从事核武器的研发，是否拥有铀浓缩离心机可以作为判断是否进行核武器研究的标准。

自然界中存在最重要的铀矿是沥青铀矿（见图 12-3），还有一种漂亮的铜铀云母，如图 12-4 所示，钙铀云母如图 12-5 所示。

图 12-3 沥青铀矿

图 12-4 铜铀云母

图 12-5 钙铀云母

12.4 其他锕系元素

锕存在于沥青铀矿及其他含铀矿物中，人工制备锕的数量极少。锕为银白色金属，能在暗处发光，在空气中放置会缓慢变成三氧化二锕，锕具有较强的碱性。

1871 年，门捷列夫预言钍和铀之间有元素存在，当时锕系元素还没有被发现，因此早年出版的周期表中先是铀、钨、锆、钍、钽，而钽下面的空格是空的。1913 年科学家在研究铀-238 衰变链时发现：铀-238→钍-234→镤-234→铀-234，这样发现了镤。镤是灰白色金属，有延展性能，硬度与铀相似。在空气中稳定，正方晶格，化学性质与钽相似。

由于核裂变产生许多碎片，不少自然界不存在的元素从这些碎片中陆续被发现，还有许多已知元素的同位素也从这些碎片中找到。它成了一个元素的"聚宝盆"，锔就是从这个"聚宝盆"中发现的。锔的化学性质与铀、钍相似，锔的发现突破了古典元素周期表的界限，为铀后元素或称超铀元素，为奠定现代元素周期表和建立锕系元素奠定了基础，它是第一个被发现的人工合成的超铀元素。锔是银白色重金属，易溶于盐酸、硫酸和含氟离子的硝酸中，金属锔在干燥空气中由于表面形成一层氧化膜而变得十分稳定。

锫和多数金属一样具银灰色外表，又与镍特别相似，但它在氧化后会迅速转为暗灰色（有时呈黄色或橄榄绿）。锫质地硬脆，但与其他金属制成合金后又变得柔软而富有延展性。锫在室温时的电阻率比一般金属高很多，而且锫和多数金属相反，其电阻率随温度降低而提高。锫具有自发辐射性质，使得晶体结构产生疲劳，即原有秩序的原子排列因为辐射而随时间产生紊乱。

1944年美国科学家在被一个反应堆辐射过的锫中发现了锎，锎是一种银白色金属，有光泽，在空气中逐渐变暗，延展性较好。锎-铍中子源用于薄板测厚仪、温度计、火灾自动报警仪等方面。

锔是银白色金属，在空气中光泽会变暗，有一定的延展性，常用作人造卫星和宇宙飞船中的热源，不断提供热量。随着核工业发展，锔的产量及应用与日俱增。锔的毒性大，一旦进入人体内，会长期存留，不易排出。

锫是一种柔软的银白色放射性金属，可溶于各种无机酸溶液中，由于所有锫同位素的半衰期都在1380年以下，远远不足以从地球形成时（数十亿年前）存留至今。因此所有的原始锫元素（地球形成时存在的锫）至今都已衰变殆尽了，现在只能在回旋加速器中用加速的氦核轰击锔-241而获得。锫在基础科学研究之外没有实际的用途。

　　加州大学伯克利分校于 1950 年以 α 粒子（氦-4 离子）撞击锔，首次人工合成锎元素，因此该元素是以美国加利福尼亚州及加州大学命名的。锎是一种放射性金属元素，累积在骨骼组织里会释放辐射，破坏身体制造红细胞的能力。由于放射性极强，在环境中的存量极低，所以锎在生物体中没有任何自然的用途。

　　锿是一种银白色的放射性金属，物理性质及化学性质与钬相同，由于锿的所有同位素半衰期都很短，一切原始的锿元素都已全部衰变。锿可以通过地壳中铀和钍的多次中子捕获产生。

　　镄是在 1952 年第一次氢弹爆炸后的辐射落尘中发现的，并以诺贝尔奖得主原子核物理学家恩里科·费米命名。镄是能够用中子撞击较轻元素而产生的最重元素，它是元素周期表中最后一种能够大量制成的元素。

　　钔在自然界中不存在，用氦核轰击锿所获得的钔很少，钔是以最先创建元素周期表的门捷列夫的名字命名的。

　　锘是一种人工合成的有放射性的超铀元素，该元素含量极少，仅能用原子数量来计量。

　　铹是锕系中的最后一个元素，1961 年在美国劳伦斯国家实验室中被发现，为了纪念劳伦斯而命名。

第13章

奇妙的惰性气体

13.1 0.0064g 的差异

1785 年，英国科学家卡文迪许在研究空气的组成时，发现一个奇怪的现象。当时人们已经知道空气中含有氧气、氮气、二氧化碳等，当他把空气中的这些成分除尽后，发现还残留少量的气体。但遗憾的是他并没有对此足够重视，没有想到这少量气体里隐藏着一个化学元素家族。

从 1882 年开始，英国物理学家瑞利热衷于各种气体密度的测定，他的实验室里有当时最精密的天平。1890 年，他在研究氮气时发现一个现象，即每升从空气中制备的氮总比从氮化合物中制备的氮多 0.0064g，真是一件不可思议的事情。

虽然这个差异很小，但是已经超出了误差的范围。百思不得其解的瑞利将这一事实告诉了英国的化学家拉姆齐。两位科学家经过认真讨论后，一致认为从空气中得到的氮气中一定含有其他较重的物质，应该是一种或几种未知的气体。两位科学家决定合作进行研究，以解决这个科学上的难题。

13.2　氩的发现

拉姆齐把由空气除去氧气、二氧化碳而得到的氮气通入装有镁粉的试管，并对其进行加热，使氮气与镁粉发生反应生成氮化镁。每进行一次实验，气体的体积就要减少一些，而密度就增大一些。无数次的重复实验后，气体的体积不再缩小，密度也不再增大，并且也没有新的氮化镁形成，这说明试管中剩下的全部是其他气体，已没有了氮气（如果有氮气存在就会继续与镁粉反应生成氮化镁）。

拉姆齐发现这种气体化学性质极不活泼，无论是加温、加压还是用电火花，它都不与那些活泼的氯、氟等元素反应，也不与其他物质反应，于是给它起名为"氩"（读作 yà）（希腊文"懒惰"的意思）。

1895 年，拉姆齐将氩气液化，测得氩气是单原子分子。

当然，当时发现的氩气，实际上是氩气和其他惰性气体的混合气体，只是因为氩在空气所含的惰性气体中的含量占绝对优势，所以它作为惰性气体的代表首先被发现。

氩元素住在元素大厦第 18 单元的 5 层，元素符号为 Ar，原子序数为 18。氩元素的特性见表 13-1。

表 13-1　氩元素的特性

相对原子质量	熔点/℃	沸点/℃	密度/（g/cm³）	天然同位素（质量分数,%）
39.95	-189	-186	1.784	Ar^{36}（0.3365） Ar^{38}（0.0632） Ar^{40}（99.6003）

氩气最主要的用处就是利用惰性保护一些容易与周围物质发生反应的东西。例如，氩气常被注入灯泡内，因为氩气即使

在高温下也不会与钨丝制作的灯丝发生化学作用，并且还能保持气压以减缓钨丝升华，从而延长钨丝的寿命。氩气虽然是无色的，但它受电流激发时会产生天蓝色的辉光，图 13-1 所示就是一个充满氩气的 "Ar" 字形状的霓虹灯。

图 13-1　"Ar" 字形状的霓虹灯

在进行不锈钢、锰、铝、钛和其他特种金属电弧焊接时，氩可用作保护气体，焊接方法包括 TIG 焊、MIG 焊等，即人们经常听到的钨极氩弧焊、熔化极氩弧焊等焊接方法。另外在铸造方面，熔炼时有的也采用氩气形成保护气氛，以保证熔炼的金属不受外界杂质的干扰。

在博物馆里，会在一些重要文物的玻璃专柜里填充氩气，以免文物被氧化破坏。

在医学上有一种氩气刀，可用来治疗恶性肿瘤。氩气刀治疗是依靠超导针尖的低温来杀死肿瘤细胞，只要定位准确，手术会非常成功。图 13-2 所示就是一种新型的氩气刀。

1989 年，IBM 的科学家利用扫描式隧道显微镜操作 35 个原子在镍金属表面拼出了 I、B、M 三个字母（见图 13-3），开创了纳米微操作的先河，轰动了世界。这里所用到的原子就是氙。

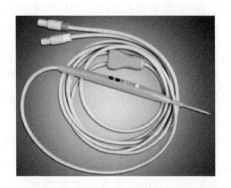

图 13-2　氩气刀

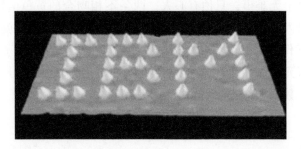

图 13-3　35 个原子拼出的 I、B、M

13.3　太阳元素——氦

1868 年 8 月 18 日，法国天文学家詹森赴印度观察日全食。他在利用分光镜观察太阳喷射出来的炽热的光谱时，发现了一条暗黄色谱线。经过进一步研究，发现这是一条不属于任何已知元素的新线，也就是说是由一种新的元素产生的。他把这个新元素命名为氦（希腊文太阳的意思），因为发现它存在的第一个线索是太阳光谱中的暗线。氦是第一个在地球之外，即在宇宙中发现的元素。

273

　　与此同时，英国化学家拉姆齐对从空气中分离出的氩气（实际是惰性气体的混合物）进行光谱分析时，发现在许多不同颜色的明亮谱线中有条黄线十分明显，而当他对纯氩的光谱进行分析时，发现其中也有一根黄色的谱线，但亮度较弱。经过仔细地对比，拉姆齐发现两根黄色的谱线并不能重合。

　　这真是天大的怪事！

　　拉姆齐在分光镜前呆呆地坐着，从上午到下午，从白昼到黑夜，他忘记了时间，也忘记了疲倦，然而几天下来却一无所获。最终他决定向光谱分析专家克鲁克斯请教。克鲁克斯经过仔细的研究后告诉他：气体中有一种新元素。

　　世上无难事，只怕有心人。两条不相吻合的黄色谱线，也许一般人就忽略了，但是拉姆齐却从中发现了异常。就这样，氦（读作 hài）元素在地球上被发现了。

　　氦元素住在元素大厦第 18 单元的 7 层，元素符号为 He，原子序数为 2。氦元素的特性见表 13-2。

表 13-2　氦元素的特性

相对原子质量	熔点/℃	沸点/℃	密度/（g/cm^3）	天然同位素（质量分数,%）
4.003	-272	-269	0.1785	He^3（0.000137） He^4（99.999863）

　　氦是所有元素中最不活泼的元素，基本上不形成什么化合物。氦气在通常情况下是无色、无味的气体，并且是唯一不能在标准大气压下液化的物质。

　　由于化学性质不活泼和轻于空气等特征，氦气常用于飞船或广告气球中作为充入气体，这一用途也是众所周知的。氦气还可用于填充电子管、气球、温度计和潜水服等，图 13-4 所示就是一个充满氦气的"He"字形状的霓虹灯。

图 13-4　"He"字形状的霓虹灯

13.4　氖、氩、氪、氙的光荣独立

1885 年，拉姆齐和詹森虽然发现了氩元素和氦元素，但在化学元素周期表中却找不到合适的位置，即表内没有一处能安放它们。如果按照相对原子质量的大小安插，就会破坏元素周期表的次序，造成无规律的混乱。许多人又提出了新的元素排列方法，有的科学家甚至认为氩和氦不是新的元素，可能是氮的同素异形体，就像红磷、白磷、黑磷和紫磷是磷的同素异形体一样。更有甚者，部分化学家出于私利，发表不科学的观点，试图推翻门捷列夫的元素周期律。

但真理总会战胜谬论，化学界里的擎天臂膀拉姆齐基于对门捷列夫的信仰，对上述问题进行了认真的思考和探索，认为在元素周期表最末一纵列还给气体元素留有空位。他建议将其作为一个新的元素族，由氦和氩作为元素代表。

1898 年 5 月 30 日，拉姆齐发现了氪（读作 kè）元素。

氪元素住在元素大厦第 18 单元的 4 层，元素符号为 Kr，原子序数为 36。氪元素的特性见表 13-3。

表 13-3　氪元素的特性

相对原子质量	熔点/℃	沸点/℃	密度/(g/cm^3)	天然同位素（质量分数,%）
83.80	-156	-152	3.736	Kr^{78}（0.35） Kr^{80}（2.28） Kr^{82}（11.58） Kr^{83}（11.49） Kr^{84}（57） Kr^{86}（17.3）

氪是一种无色、无臭、无味的惰性气体，半衰期为10.76年，在大气中含量很少，可通过分馏从液态空气中分离。

由于氪在放电时呈橙红色，常用于制作荧光灯。氪气与其他气体混合会发出光亮的黄绿色光，可用于制作发光告示牌。图13-5所示就是一个充满氪气的"Kr"字形状的霓虹灯。

图 13-5　"Kr"字形状的霓虹灯

氪谱线还曾为计量单位标准的制定做出过贡献。1960年，在第11届国际计量大会上，米被定义为"氪-86原子在真空中的电磁波谱的橘红色放射线波长的1650763.73倍"。1983年10月，国际计量局把米定义为"光在真空中 1/299 792458s 时间内通过的距离"，结束了用氪的特性定义米的历史。

拉姆齐再接再厉，很快又从空气中找到了氖（读作 nǎi）元素。这一天是 1898 年 6 月 12 日。

氖住在元素大厦第 18 单元的 6 层，元素符号为 Ne，原子序数为 10。氖元素的特性见表 13-4。

表 13-4　氖元素的特性

相对原子质量	熔点/℃	沸点/℃	密度/（g/cm³）	天然同位素（质量分数,%）
20.18	−249	−246	0.9002	Ne^{20}（90.48） Ne^{21}（0.27） Ne^{22}（9.25）

标准状态下的氖是单原子的气体。氖在地球大气层中非常稀少，其含量只占大气层的 1/65000。

氖气是第二轻的稀有气体，在放电管里能发出橙红色的光。在所有稀有气体中，氖气的放电在同样电压和电流情况下最强烈，常被用来制作霓虹灯，图 13-6 所示就是一个充满氖气的"Ne"字形状的霓虹灯。因为氖气价格低廉，节日晚上的大街几乎都是用氖灯来装饰。图 13-7 显示了用氖灯装饰的火树银花不夜天的情景。

图 13-6　"Ne"字形状的霓虹灯

拉姆齐昼夜不停地工作。一个月后，即1898年7月12日，他又找到了氙（读作 xiān）元素。氙元素住在元素大厦第18单元的3层，元素符号为 Xe，原子序数为54。氙元素的特性见表13-5。

图13-7　火树银花

表13-5　氙元素的特性

相对原子质量	熔点/℃	沸点/℃	密度/ (g/cm^3)	天然同位素（质量分数,%）
131.3	-112	-107	5.887	Xe^{124}（0.09） Xe^{126}（0.09） Xe^{128}（1.92） Xe^{129}（26.44） Xe^{130}（4.08） Xe^{131}（21.18） Xe^{132}（26.89） Xe^{134}（10.44） Xe^{136}（8.87）

氙气是一种无色无味的稀有气体，放电时呈蓝色。在地球大气层中存在大量的氙。氙可以用于制造氙光灯和氙弧灯。氙弧灯有极高的发光强度，充填的长弧氙灯俗称"小太阳"，光的色彩好，可用于拍摄彩色电影。又由于氙弧灯透雾能力特别强，可用作有雾导航灯，广泛用于机场、车站和码头。图 13-8 所示就是一个充满氙气的"Xe"字形状的霓虹灯。氙灯凹面聚光后能生成 2500℃ 高温，可用于焊接或切割难熔金属，如钛、钼等。氙气还是一种没有副作用的深度麻醉剂，也可用作 X 光摄影的造影剂。

图 13-8　"Xe"字形状的霓虹灯

后来，拉姆齐又发现了氡（读作 dōng）元素。它是一种放射性元素，住在元素大厦第 18 单元的 2 层，元素符号为 Rn，原子序数为 86。氡元素的特性见表 13-6。

表 13-6　氡元素的特性

相对原子质量	熔点/℃	沸点/℃	密度/（g/cm³）	天然同位素
222	-71	-62	9.73	—

氡通常的单质形态是氡气，无色无味，难以与其他物质发

生化学反应。氡气是由放射性元素镭衰变产生的自然界唯一的天然放射性稀有气体，也是自然界中密度最大的气体。

拉姆齐把氦、氖、氩、氪、氙和氡安置在元素周期表中，组成了一个新的家族，丰富并巩固了元素周期律。拉姆齐也因此荣获1904年诺贝尔化学奖，他是因发现化学元素而获得该奖的第一人。

第14章

元 素 杂 谈

14.1　前 20 号化学元素歌谣

初中化学课本是大多数人从理论上接触元素的开始，化学老师总是想尽一切办法让学生记住前 20 号元素的排列，请看下面这首歌谣：

一号元素氢易燃，兄弟三人气氖氩；

二号元素氦最懒，日全食中被发现；

阿弗韦聪探险记，从此人类发现锂；

晶莹翠碧祖母绿，氧化铝中含有铍；

出身贫穷志不穷，硼乃元素真英雄；

广传钻石恒久远，有机无机均含碳；

人体蛋白加核酸，生命基础全赖氮；

万物生存全靠氧，燃素学说是臆想；

无氧新酸只含氟，化学反应最活泼；

氖灯装饰节假日，火树银花不夜天；

又软又轻银珠钠，人体怎能离开它；

环保材料金属镁，烟花照明放光辉；

少年得志造王冠，铝的含量排第三；

无机世界擎天臂，硅是典型半导体；

白磷红磷黑紫磷，尿中提取假黄金；

一硝二硫三木炭，造成火药保平安；

绿色气体有毒氯，夺取电子最得力；

灯泡充入惰性氩，钨丝长寿全靠它；

火焰紫色金属钾，生物植物全有它；

牛奶何以强身体，含钙方是真主题。

14.2 填满第7周期

2016 年，日本发现的新元素"Nihonium"列入了化学课本的元素周期表。"Nihonium"的原子序数为 113 号，与美国和俄罗斯发现的 115 号"Moscovium"、117 号"Tennesine"和 118 号"Oganesson"，共 4 个元素一起被正式列入元素周期表后，终于将第 7 周期全部填满了。新的元素周期表如图 1-4 所示。

14.3 元素周期表是否存在尽头

2011 年，芬兰化学家佩卡·皮克对标题给出了一个回答。他制作了一张"终极周期表"，囊括了在理论上有可能存在的全部元素，如图 14-1 所示。周期表的周期显示的是电子围绕原子核运动的轨道。电子从靠近原子核的轨道依次排列，各轨道可容纳的电子数是固定的。如果最内层的轨道被填满，其周期就将结束，电子将排列至外层的轨道。根据皮克的预测，电子的轨道只能达到第 9 周期。

第 8 周期与此前周期不同的是，元素不一定按序数的大小顺序排列。序数由原子内的电子排列决定，但电子的排列模式被认为将在第 8 周期发生改变。139 号和 140 号元素可能会被跳过，并出现在后面的位置。

1	2	3	4	5	6	7	8	9	10	11	12	13	14	15	16	17	18
1 H	2											13	14	15	16	17	2 He
3 Li	4 Be											5 B	6 C	7 N	8 O	9 F	10 Ne
11 Na	12 Mg	3	4	5	6	7	8	9	10	11	12	13 Al	14 Si	15 P	16 S	17 Cl	18 Ar
19 K	20 Ca	21 Sc	22 Ti	23 V	24 Cr	25 Mn	26 Fe	27 Co	28 Ni	29 Cu	30 Zn	31 Ga	32 Ge	33 As	34 Se	35 Br	36 Kr
37 Rb	38 Sr	39 Y	40 Zr	41 Nb	42 Mo	43 Tc	44 Ru	45 Rh	46 Pd	47 Ag	48 Cd	49 In	50 Sn	51 Sb	52 Te	53 I	54 Xe
55 Cs	56 Ba	57-71	72 Hf	73 Ta	74 W	75 Re	76 Os	77 Ir	78 Pt	79 Au	80 Hg	81 Tl	82 Pb	83 Bi	84 Po	85 At	86 Rn
87 Fr	88 Ra	89-103	104 Rf	105 Db	106 Sg	107 Bh	108 Hs	109 Mt	110 Ds	111 Rg	112 Cn	113 Nh	114 Fl	115 Mc	116 Lv	117 Ts	118 Og
119	120	121-	156	157	158	159	160	161	162	163	164	139	140	169	170	171	172
165	166											167	168				

6	57 La	58 Ce	59 Pr	60 Nd	61 Pm	62 Sm	63 Eu	64 Gd	65 Tb	66 Dy	67 Ho	68 Er	69 Tm	70 Yb	71 Lu
7	89 Ac	90 Th	91 Pa	92 U	93 Np	94 Pu	95 Am	96 Cm	97 Bk	98 Cf	99 Es	100 Fm	101 Md	102 No	103 Lr
8	141	142	143	144	145	146	147	148	149	150	151	152	153	154	155

8	121	122	123	124	125	126	127	128	129	130	131	132	133	134	135	136	137	138

图 14-1　终极周期表

14.4　元素在地壳中的丰度

元素在地壳中的丰度见表 14-1。

表 14-1　元素在地壳中的丰度　（单位：10^{-6}）

原子序数	元素	丰度	原子序数	元素	丰度	原子序数	元素	丰度
8	氧	474000	26	铁	41000	12	镁	23000
14	硅	277000	20	钙	41000	19	钾	21000
13	铝	82000	11	钠	23000	22	钛	5600

283

（续）

原子序数	元素	丰度	原子序数	元素	丰度	原子序数	元素	丰度
1	氢	1520	82	铅	14	35	溴	0.37
15	磷	1000	90	钍	12	51	锑	0.2
25	锰	950	5	硼	10	53	碘	0.14
9	氟	950	59	镨	9.5	48	镉	0.11
56	钡	500	62	钐	7.9	47	银	0.07
6	碳	480	64	钆	7.7	34	硒	0.05
38	锶	370	66	镝	6	80	汞	0.05
16	硫	260	70	镱	5.3	49	铟	0.049
40	锆	190	68	铒	3.8	83	铋	0.048
23	钒	160	72	铪	3.3	2	氦	0.008
17	氯	130	55	铯	3	52	碲	约0.005
24	铬	100	4	铍	2.6	79	金	0.0011
37	铷	90	92	铀	2.4	44	钌	约0.001
28	镍	80	50	锡	2.2	78	铂	约0.001
30	锌	75	63	铕	2.1	43	锝	7×10^{-4}
58	铈	68	73	钽	2	46	钯	6×10^{-4}
29	铜	50	32	锗	1.8	75	铼	4×10^{-4}
60	钕	38	33	砷	1.5	45	铑	2×10^{-4}
57	镧	32	42	钼	1.5	76	锇	1×10^{-4}
39	钇	30	67	钬	1.4	10	氖	7×10^{-5}
7	氮	25	18	氩	1.2	36	氪	1×10^{-5}
3	锂	20	65	铽	1.1	77	铱	3×10^{-6}
27	钴	20	74	钨	1	54	氙	2×10^{-6}
41	铌	20	81	铊	0.6	88	镭	6×10^{-7}
31	镓	18	71	镥	0.51	61	钷	痕量
21	钪	16	69	铥	0.48	84	钋	痕量

（续）

原子序数	元素	丰度	原子序数	元素	丰度	原子序数	元素	丰度
85	砹	痕量	93	镎	0	100	镄	0
86	氡	痕量	95	镅	0	101	钔	0
89	锕	痕量	96	锔	0	102	锘	0
91	镤	痕量	97	锫	0	103	铹	0
94	钚	痕量	98	锎	0	104		0
87	钫	0	99	锿	0	105		0

14.5 人体内的化学元素

人体内的化学元素与人体健康息息相关，这些元素不断输入，不断在体内进行一些化学反应，然后通过排泄离开人体，使它们的含量在人体内保持一个相对稳定状态。

人体化学元素含量（质量分数）排名从高至低为：

氧（65%）、碳（18%）、氢（10%）、氮（3%）、钙（2%）、磷（1%）、硫（0.25%）、钾（0.25%）、钠（0.15%）、氯（0.15%）、镁（0.15%）、铁、锌、铜、碘、锰等总量为0.05%。

14.6 化学史上的中国之最

1）公元前4000年中国已会酿造酒，公元前1000年我国已掌握制曲技术，比欧洲的"淀粉发酵法"制造酒精早2000多年。

2）我国是世界上最早发现漆料和制作漆器的国家，约有7000年历史。

3）公元前 2000 年我国已会熔铸红铜，公元前 1700 年我国已开始冶铸青铜，公元 900 多年我国的胆水浸铜法是世界上最早的湿法冶金技术（置换法）。

4）我国是蚕丝的故乡，公元前 2000 年我国已经养蚕，公元 200 年养蚕技术传入日本。

5）公元前 600 年我国已掌握冶铁技术，比欧洲早 1900 多年，公元前 200 年，我国炼出了球墨铸铁，比英美领先 2000 年。

6）公元前 100 年我国发明造纸术，公元 105 年东汉蔡伦总结并推广了纸技术。

7）公元前 200 到公元 400 年我国炼丹术兴起，公元 750 年炼丹术传入阿拉伯。

8）公元 700 年唐朝孙思邈在《伏硫黄法》中归早记载了黑火药的三组分（硝酸钾、硫黄和木炭），火药于 13 世纪传入阿拉伯，14 世纪传入欧洲。

9）3000 多年前我国已利用天然染料染色。

10）3000 多年前，我们祖先发现石油，古书载 "泽中有火" 即指地下流出石油溢到水面而燃烧，宋朝沈括所著《梦溪笔谈》第一次记载石油的用途。

11）1700 多年前，我国已能炼铅及铜铅合金。

12）1000 多年前我国就能炼锌，早于欧洲 400 年。

13）世界上最早开发和利用天然气的是我国的四川省邛和陕西省鸿门两地。

14.7　世界化学之最

1）最轻的气体是氢气。
2）最简单的原子是氢原子。
3）最小的分子是氢分子。

4）相对原子质量最小的元素是氢元素。

5）宇宙中含量最多的元素是氢元素。

6）相对分子质量最小的氧化物是水。

7）最简单的有机化合物是甲烷。

8）形成化合物种类最多的元素是碳。

9）植物生长需要最多的元素是氮。

10）人体内含量最多的元素是氧。

11）生物细胞里含量最多的元素是氧。

12）空气中含量最多的气体是氮气，约占空气体积的78%。

13）海洋里含量最多的元素是氧。

14）地壳中含量最多的元素是氧，含量约占地壳质量的48.6%。

15）地壳里含量最多的金属元素是铝，含量约占地壳质量的地壳质量的7.73%。

16）最活泼的非金属元素是氟，常温下几乎能与所有的元素直接化合。

17）最不活泼的非金属是氦，到目前为止还没有制得它的任何化合物。

18）最活泼的金属元素是铯。

19）最不活泼的金属是金。

20）熔点最低的单质是氦，为-272℃。

21）熔点最高的单质是石墨，为3652℃。

22）着火点最低的非金属元素是白磷，为40℃。

23）熔点最低的金属元素是汞，为-38.9℃。

24）熔点最高的金属为钨，为3407℃。

25）导电性能最好的金属是银，其次是铜。

26）最富延展性的金属是金，1g金能拉成长达3000m的金丝，能压成厚约为0.0001mm的金箔。

27）目前提得最纯的物质是半导体材料高纯硅，其纯度达99.9999999999%。

28）人类最早使用的金属是铜。

29）最早发现电子的人是英国科学家汤姆逊。

30）最早发现稀有气体的人是英国的雷利和拉塞姆。

31）最早应用质量守恒定律的人是俄国的罗蒙诺索夫。

32）最早把天平用于化学研究的人是法国化学家拉瓦锡。

33）创立近代原子学说的人是英国科学家道尔顿。

34）最早提出分子概念的人是意大利科学家阿伏伽德罗。

35）最早通过实验得出空气是由氮气和氧气组成的是法国化学家拉瓦锡。

36）最早发现并制得氧气的是瑞典化学家舍勒和英国化学家普利斯特里。

14.8 元素单质的熔点

元素单质的熔点见表14-2。

表14-2 元素单质的熔点 （单位：K）

原子序号	元素	熔点	原子序号	元素	熔点	原子序号	元素	熔点
6	碳（金刚石）	3820	77	铱	2683	40	锆	2125
			44	钌	2583	91	镤	2113
74	钨	3680	5	硼	2573	78	铂	2045
75	铼	3453	72	铪	2503	90	钍	2023
76	锇	3327	43	锝	2445	71	镥	1936
73	钽	3269	45	铑	2239	22	钛	1933
42	钼	2890	23	钒	2160	46	钯	1825
41	铌	2741	24	铬	2130	69	铥	1818

（续）

原子序号	元素	熔点	原子序号	元素	熔点	原子序号	元素	熔点
21	钪	1814	63	铕	1095	19	钾	337
26	铁	1808	33	砷	1090	15	磷（P_4）	317
68	铒	1802	58	铈	1072	37	铷	312
39	钇	1795	38	锶	1042	31	镓	303
27	钴	1768	56	钡	1002	55	铯	302
67	钬	1747	88	镭	973	87	钫	300
28	镍	1726	13	铝	934	35	溴	266
66	镝	1685	12	镁	922	80	汞	234
14	硅	1683	94	钚	914	86	氡	202
65	铽	1629	93	镎	913	17	氯	172
64	钆	1586	51	锑	904	54	氙	161
4	铍	1551	52	碲	723	36	氪	117
25	锰	1517	30	锌	693	18	氩	84
61	钷	1441	82	铅	601	7	氮	63
92	铀	1406	48	镉	594	8	氧	55
29	铜	1357	81	铊	577	9	氟	54
62	钐	1350	85	砹	575（估计）	10	氖	24
79	金	1338				1	氢	14
89	锕	1320	83	铋	545	2	氦	1
60	钕	1294	84	钋	527	96	锔	
95	镅	1267	50	锡（β）	505	97	锫	
47	银	1235	34	硒	490	98	锎	
32	锗	1211	3	锂	454	99	锿	
59	镨	1204	49	铟	429	100	镄	
57	镧	1194	53	碘	387	101	钔	
20	钙	1112	16	硫（α）	386	102	锘	
70	镱	1097	11	钠	371	103	铹	

14.9 元素单质的沸点

元素单质的沸点见表14-3。

表14-3 元素单质的沸点 （单位：K）

原子序号	元素	沸点	原子序号	元素	沸点	原子序号	元素	沸点
74	钨	5930	58	铈	3699	95	镅	2880
75	铼	5900	71	镥	3668	29	铜	2840
73	钽	5698	23	钒	3650	66	镝	2835
72	铪	5470	39	钇	3611	13	铝	2740
76	锇	5300	22	钛	3560	31	镓	2676
43	锝	5150	64	钆	3539	14	硅	2628
6	碳	5100（升华）	94	钚	3505	50	锡	2543
			89	锕	3470	47	银	2485
90	钍	5060	46	钯	3413	49	铟	2353
41	铌	5015	65	铽	3396	25	锰	2235
42	钼	4885	60	钕	3341	69	铥	2220
40	锆	4650	4	铍	3243	62	钐	2064
77	铱	4403	27	钴	3143	82	铅	2013
91	镤	约4300	68	铒	3136	56	钡	1910
93	镎	4175	21	钪	3104	51	锑	1908
44	钌	4173	32	锗	3103	83	铋	1883
78	铂	4100	79	金	3080	63	铕	1870
92	铀	4018	26	铁	3023	20	钙	1757
45	铑	4000	28	镍	3005	81	铊	1730
5	硼	3931	61	钷	约3000	38	锶	1657
59	镨	3785	67	钬	2968	3	锂	1620
57	镧	3730	24	铬	2945	70	镱	1466

（续）

原子序号	元素	沸点	原子序号	元素	沸点	原子序号	元素	沸点
88	镭	1413	16	硫	718	9	氟	85
12	镁	1363	80	汞	630	7	氮	77
52	碲	1263	85	砹	610（估计）	10	氖	27
84	钋	1235				1	氢	20
30	锌	1180	15	磷（P_4）	553	2	氦	4
11	钠	1156	53	碘	458	96	锔	
19	钾	1047	35	溴	332	97	锫	
48	镉	1038	17	氯	239	98	锎	
37	铷	961	86	氡	211	99	锿	
34	硒	958	54	氙	166	100	镄	
55	铯	952	36	氪	121	101	钔	
87	钫	950	8	氧	90	102	锘	
33	砷	889（升华）	18	氩	87	103	铹	

14.10 化学元素焰色反应

化学元素焰色反应见表14-4。

表14-4 化学元素焰色反应

元 素 符 号	元 素 名 称	焰 色
Ba	钡	黄绿色
Ca	钙	砖红色
Cs	铯	紫红色
Cu	铜	绿色
Fe	铁	无色

（续）

元 素 符 号	元 素 名 称	焰　色
In	铟	蓝色
K	钾	浅紫色
Li	锂	紫红色
Mn	锰	黄绿色
Mo	钼	黄绿色
Na	钠	黄色
Pb	铅	绿色
Rb	铷	紫色
Sb	锑	浅绿色
Sr	锶	洋红色
Tl	铊	绿色
Zn	锌	蓝绿色

参 考 文 献

[1] 北京大学化学与分子工程学院. 元素的世界之元素档案 [M]. 北京：中国大百科全书出版社，2010.

[2] 凌永乐. 化学元素的发现 [M]. 3 版. 北京：商务印书馆，2009.

[3]《化学元素的故事》编写组. 化学元素的故事 [M]. 北京：中国出版集团世界图书出版公司，2010.

[4] GRAY T. 视觉之旅：神奇的化学元素 [M]. 陈沛然，译. 北京：中国邮电出版社，2011.

[5] 王鸣阳. 完全版化学元素周期表（上篇）[J]. 科学世界，2006（10）：11-45.

[6] 王鸣阳. 完全版化学元素周期表（下篇）[J]. 科学世界，2006（11）：47-89.

[7] 秦昭，GONZÁLEZ F M，等. 硫磺挑夫，行进在火山毒雾中 [J]. 中国国家地理，2009（12），186-190.

[8] 沈桥. 西北干旱区大路远上白云间 [J]. 中国国家地理，2009（12）：66.

[9] 高胜利，杨奇，陈三平，等. 化学元素周期表 [M]. 北京：科学出版社，2020.

[10] 佘煊彦，袁婉清. 化学元素知识精编 [M]. 北京：化学工业出版社，2018.

[11] 詹姆斯，罗素. 万物由什么组成：化学元素的奇妙世界 [M]. 江晶，译. 成都：四川科技出版社，2020.

[12] 杰克逊. 化学元素 [M]. 文彦杰，译. 北京：中国大百科全书出版社，2019.